· 超级思维训练营系列丛书 ·

最狡猾机智的沟通

田永强 ◎ 编 著

如何才能以不变应万变 ——☆—— 狡猾机智的沟通是必不可缺的

中国出版集团 现代出版社

图书在版编目(CIP)数据

最狡猾机智的沟通 / 田永强编著. —北京:现代出版社,
2013.1(2021.8 重印)

(超级思维训练营)

ISBN 978 – 7 – 5143 – 1005 – 4

Ⅰ.①最…　Ⅱ.①田…　Ⅲ.①思维训练 – 青年读物②思维
训练 – 少年读物　Ⅳ.①B80 – 49

中国版本图书馆 CIP 数据核字(2012)第 316926 号

作　　者　田永强
责任编辑　张　晶
出版发行　现代出版社
通讯地址　北京市安定门外安华里 504 号
邮政编码　100011
电　　话　010 – 64267325　64245264(传真)
网　　址　www.xdcbs.com
电子邮箱　xiandai@ cnpitc.com.cn
印　　刷　北京兴星伟业印刷有限公司
开　　本　700mm×1000mm　1/16
印　　张　10
版　　次　2013 年 1 月第 1 版　2021 年 8 月第 3 次印刷
书　　号　ISBN 978 – 7 – 5143 – 1005 – 4
定　　价　29.80 元

前　言

　　每个孩子的心中都有一座快乐的城堡,每座城堡都需要借助思维来筑造。一套包含多项思维内容的经典图书,无疑是送给孩子最特别的礼物。武装好自己的头脑,穿过一个个巧设的智力暗礁,跨越一个个障碍,在这场思维竞技中,胜利属于思维敏捷的人。

　　思维具有非凡的魔力,只要你学会运用它,你也可以像爱因斯坦一样聪明和有创造力。美国宇航局大门的铭石上写着一句话:"只要你敢想,就能实现。"世界上绝大多数人都拥有一定的创新天赋,但许多人盲从于习惯,盲从于权威,不愿与众不同,不敢标新立异。从本质上来说,思维不是在获得知识和技能之上再单独培养的一种东西,而是与学生学习知识和技能的过程紧密联系并逐步提高的一种能力。古人曾经说过:"授人以鱼,不如授人以渔。"如果每位教师在每一节课上都能把思维训练作为一个过程性的目标去追求,那么,当学生毕业若干年后,他们也许会忘掉曾经学过的某个概念或某个具体问题的解决方法,但是作为过程的思维教学却能使他们牢牢记住如何去思考问题,如何去解决问题。而且更重要的是,学生在解决问题能力上所获得的发展,能帮助他们通过调查,探索而重构出曾经学过的方法,甚至想出新的方法。

　　本丛书介绍的创造性思维与推理故事,以多种形式充分调动读者的思维活性,达到触类旁通、快乐学习的目的。本丛书的阅读对象是广大的中小学教师,兼顾家长和学生。为此,本书在篇章结构的安排上力求体现出科学性和系统性,同时采用一些引人入胜的标题,使读者一看到这样的题目就产生去读、去了解其中思维细节的欲望。在思维故事的讲述时,本丛书也尽量使用浅显、生动的语言,让读者体会到它的重要性、可操作性和实用性;以通俗的语言,生动的故事,为我们深度解读思维训练的细节。最后,衷心希望本丛书能让孩子们在知识的世界里快乐地翱翔,帮助他们健康快乐地成长!

目　录

第一章　生活中的真理

最狡猾机智的沟通

第二章　逻辑的训练

第三章　玩转思维细节

超级思维训练营

最俊稍机智的沟通

第一章　生活中的真理

不幸中的幸运

　　一位老猎人一个人住在大森林里。年轻时,他是个健壮的汉子,因为几年前不小心踩到一个装有铁齿的捕熊器上,伤得很严重,又因为是自己一人住在森林里,没有医生且条件恶劣,所以没能得到及时治疗,双脚活动很不方便,他只能改行养蜂。熊是很喜爱吃蜂蜜的,所以老猎人在他住的周围,挖了很多陷阱,还装有捕熊器。有一天,两个被追捕的逃犯跑到森林里来,在肚子非常饿时,发现了老猎人的房子。他们偷偷躲藏起来看见老猎人正在装设陷阱。他们蹑手蹑脚地靠近后,其中一个踢了老猎人一脚,老猎人被踢到陷阱中,只听老猎人大叫了一声,一条腿已被捕熊器牢牢地夹住了。两名逃犯非常高兴,以为老猎人这一下不是死就是伤了,立即冲进房子里找吃的东西。当他们正得意忘形地喝酒吃肉时,房门突然被打开了,老猎人拿着猎枪对着他们。

　　请你们联想一下,老猎人为什么这么快就从捕熊器中逃出来,并且抓住了逃犯呢?

参考答案

　　老猎人曾被这种厉害的捕熊器夹伤了腿，由于未得到及时治疗，造成腿脚行走不方便，不能再打猎，很有可能是装上了假肢。而这次被夹的很有可能就是这条假肢，也正因为如此他才能在短时间内从陷阱中逃离出来对付两个逃犯。

神秘的致命凶器

　　某夫妻俩感情很差,经常吵架,这次更是打了起来,剽悍的妻子用硬物将醉醺醺的丈夫打倒致死。邻居听到他们房内的打闹声,急忙地打电话到警察局报警。

　　警察赶到,对案情进行调查。

　　"你到底用什么凶器将他打死的?"

那女人什么都没有说，保持沉默。

警察在现场搜查线索，也没有找到疑似凶器的东西。只看见厨房的炉子上，正烧烤着一条很大很长的鱼。

邻居们回忆说，那个女人没有离开她的屋子，也没有把窗子打开将凶器扔出去。

这个女人到底是用什么凶器将她丈夫打死的呢？神秘的凶器是什么呢？

 参考答案

其实女人所用的凶器就是那条正在炉子上烧烤的大鱼。一条冻得僵硬无比的大鱼，打人的威力绝对不比木棒差。那个女人为了让警察找不到凶器，在把丈夫打死之后，就把鱼做熟了，这样，警察很难联想到那神秘的致命凶器就这是条大鱼。

消失的手提箱

北京一家豪华的酒店。

一天早上，酒店经理向警察局报案称房客王小姐的一个装有许多美元的手提箱被窃了。

几分钟后，警探李长宇赶来。他调查了一下现场后，就把当事人王小姐叫到跟前，询问案发的经过。

王小姐是代表一家跨国公司来参加一个国际博览会的，刚一下飞机就来到这家酒店。她的手提箱里装有许多美元，是二楼的女招待员替她把手提箱放在柜子上的。

"王小姐，您需要什么服务，请尽管吩咐。"女招待员十分热情地说。

王小姐说:"我没有别的事,只是请您明天早上七点左右给我送一杯热咖啡来。"

睡觉之前,王小姐还把美元清点了一遍,美元分文不差。

第二天早上 6 时 50 分,她醒来后便按电铃叫女招待员送咖啡来,自己去卫生间。刷完牙,她在洗脸时,听见房间的门开了,以为是女招待员送热咖啡来了,便没太在意。

但是,当她冲洗脸上的洁面乳时,只听见外面"哎呀"的一声惨叫,接着是"咣当"一声。王小姐急忙冲出去一探究竟,只见女招待员躺在房间门口,已经失去了知觉,额头上鲜血直流。她再往床头柜上一看,更是吃了一惊:手提箱不见了……

警探李长宇听完王小姐的叙述,又去看望已经清醒过来的女招待员,请她把刚才的情况说一下。

额头受了伤的女招待员吃力地说:"刚才,我按王小姐的吩咐,端来了一杯热咖啡。可是我刚进入房间,猛觉身后一阵凉风,还没等我反应过来,只见身后窜出一个人,他猛地朝我头上打了一下,我一下子被打倒在地,昏昏沉沉中,好像看到他拿了一个手提箱逃走了。"

警探问:"那人长得什么样?"

女招待员说:"我没看清。"

警探没问下去,走到柜子前,端起桌子上的那杯热咖啡说:"王小姐,您还没喝咖啡呢。"

王小姐说:"哎呀,对了,您不说我都忘了。"

女招待员说:"热咖啡已经凉了吧,王小姐,我去替您热热吧。"

警探嘲讽地说:"招待小姐,别再演戏了,快招出你的同伙吧!"

女招待的脸变得惨白,争辩说:"警探先生,您这是什么意思?"

警探冷笑了一声,说出了自己发现的破绽。女招待员张口结舌,无法自圆其说了。在警探的一再追问下,女招待员只得招供出同伙,并交出了那个装有美元的手提箱。

警探是怎么判断出女招待员在说谎的呢?

参考答案

女招待说,她刚打开房门,就有人把她打倒在地。可是那杯热咖啡却好好地放在桌子上,女招待明显在说谎。

包子铺里的杀手

在一个下着大雪的夜晚,9点半左右,王敏探长接到报案后,急速赶往案发现场。

案发现场是位于繁华街上一条偏僻胡同里的一家包子铺。包子铺门口挂着印有"包子"图案的半截布帘的大门玻璃上罩着一层雾气,室内热气腾腾,从外面根本无法看见室内的情景。

拉开玻璃房门,王敏探长一个箭步走进屋里,他那冻僵了的脸被迎面袭来的水蒸气呛得一时喘不过气来。落在肩膀的雪花马上就融化成水滴了。

在靠里面角落的一张桌子上,一个绅士打扮的男人头扎在放包子的盘子里,太阳穴上有一个被枪射穿的洞,死在了那里。盘子里面流满了深红色的鲜血。

"探长先生,这么冷的大雪天让您受累了。"包子铺的老板献媚地赔着笑脸,上前搭话说。

王敏探长马上就想了起来,这个老板就是以前被李毅探长关进监狱的那个家伙。

"啊,原来是你呀,改邪归正了吗?"

"嗯,还行吧……"

"你把那个人被杀的详细情况讲给我听。"

"9点半左右,客人只剩他一个人了。他要了两瓶啤酒和一大盘包子,他正在吃的时候,突然门外冲进来一个人。"

"是那家伙开的枪吗?"

"嗯,那个家伙一进屋马上从皮衣的口袋里掏出一把枪并且朝那个人开了一枪。我当时正在工作间里清洗厨具。哎呀,那个家伙可真是个神枪手,他肯定是个职业杀手。那个家伙开完枪后就立刻逃掉了,我被突如其来的枪击事件吓得呆立在那里。"老板好像想起了当时的情景,脸色苍白地回答。

"当时这个店就你一个人吗?"

"嗯。"

"那个罪犯长什么样?"

"我没看太清,高个子,戴着一副黑边眼镜,整张脸的下半部分蒙着围巾。总之,简直像一阵风一样一吹而过。"

"是吗……"

王敏探长若有所思地紧盯着老板的脸。

"哈哈,你真是太可怜了。这下子你又要去坐牢了。你要是想说谎,应编得更完美一点儿!"王敏探长如此不容置疑的口气,把包子铺老板吓得浑身一哆嗦。

那么,王敏探长是如何推理,识破了老板的谎言的呢?

参考答案

　　包子铺老板说罪犯是个戴黑边眼镜的人时是在说谎,因为进到满是水蒸气的屋子时,眼镜片上会结霜导致看不清,根本无法马上射杀受害者。

穿心而死的老板

黄金首饰店的老板被人杀死了,死状非常悲惨被一把长枪刺穿心脏活活钉在墙板上。老板娘被吓得半死。报案之后不久,警察局就派来了调查组,为首的是有名的探长拉尔夫。

拉尔夫勘查了一下现场,老板没死多久,不到两个小时。现场除扎在死者心脏上的长枪外,地板上还有一把大砍刀。经过老板娘辨认,确定这是她丈夫的。房子的内壁包括家具在内有多处新划的伤痕,像是搏斗时留下的。除了这些之外,拉尔夫没看出其他蛛丝马迹。

拉尔夫命令其他探员将有作案时间和嫌疑的人先过来。不一会儿有4个人被带了过来,两个是这家首饰店的伙计,另外两个是刚刚来店里买首饰的顾客。拉尔夫分别对这4个人进行了仔细的盘问,这4个人谁也不承认自己是杀害老板的凶手。如果没有证据的话,拉尔夫探长对他们也没有办法,只能暂时将他们看管起来。

黄金首饰店的老板面容慈祥,邻近的几家商店的店主对他的口碑都不错,从来没听说有人曾和老板有过仇,仇杀的可能性几乎为零。如果是谋财害命,也不对,因为柜台里的钱和首饰一点也没少,显然不是为了钱财。

那么凶手到底是为了什么而杀人呢?拉尔夫琢磨着白天的每一个画面和每一个细节。

老板娘找不到后面库房的钥匙,以为被凶手拿走了,后来怎么会又找到了呢?老板娘应该熟知放钥匙的地方呀,为什么钥匙不在平时常放的抽屉里,而放在从来没有放过的最下面的抽屉里呢?把钥匙换放到别的抽屉,究竟是他人所为,还是死者的什么遗言呢?还有,根据死者被刺的心脏部位判断,凶手应该身材高大,力气也很大,刺穿了死者的心脏还狠狠地扎进墙板,可以说是个高大魁梧的家伙。但是,现场有这么多刀痕,说明两个人有过一场激烈的搏斗，且势均力敌，不相上下。这样的厮杀，会惊动周围的人不说，还与拉尔夫判断的凶手并不相符。因为老板个子矮小，身单力薄，不可能与一个身强力壮的人搏斗那么久。

如果说老板只反抗了几下就败在凶手的长枪下，那么，现场又怎么会有这么多的刀痕呢？拉尔夫越想越觉得不对劲，这里面一定有阴谋。

第二天早上，拉尔夫探长带着手下的探员匆匆赶去了案发现场。他再次仔仔细细地查看了一遍现场，特别是那些刀子的痕迹。拉尔夫发现柜子上的刀痕断断续续的非常凌乱，有的还不像一刀能划成的样子。他思索着。突然，拉尔夫想到了库房钥匙被换了抽屉的事。对啊，这些抽屉不都是可以替换的么？难道……拉尔夫将所有的抽屉全都拉了出来，然后再按照抽屉和柜子上的刀痕，像拼图一样将它们拼回柜子中去。

当全部抽屉放回柜子后，拉尔夫不禁眼睛一亮，说了一声"我知道了"，就快马加鞭地赶回了警察局。

一到警察局，拉尔夫就把其中的3个人放了，留下疑犯吉普森。吉普森不服，说："他们都走了，为什么我不能走？"

拉尔夫什么也没说，只是把吉普森带到了黄金首饰店。当吉普森再次来到犯罪现场，他一下子惊呆了。

"看清了吧，这就是你杀害老板的铁证。"拉尔夫威严地说道。

吉普森见事情已经败露，扑通一声跪在了拉尔夫的面前，一边哭一边求饶。吉普森已无可辩驳，只好供认了他的杀人罪行。

天衣无缝的杀人计划，最终还是被拉尔夫看出了破绽。

拉尔夫到底发现了什么能使吉普森被迫认罪的证据呢？

参考答案

拉尔夫重新把抽屉拼回柜子中，发现那些刀痕清楚地写着"JPS"三个字母，这是老板在死前留下的遗言。

急中生智的妙法

　　亨利中士和一队士兵在一个小镇上遭到德军的阻击。德军冲上教堂的钟楼,并在上面堆满沙袋,把机关枪架在在沙袋上,因为钟楼是这一地段的制高点,亨利的士兵抵挡不住对方猛烈的火力攻击,被压在一小段矮墙的后面,根本无法和德军对抗。德军的狙击手枪法十分准确,一不小心一抬头就会毙命。

"糟糕！这样我们很快就会全军覆没的！"亨利骂道。他揣测不出钟楼上有多少敌人，只能见到上面的大钟，他突然想到了一个妙计。这个妙计终于使亨利中士的队伍全部得救了。

亨利中士想出什么妙计呢？

 **参考答案**

亨利叫属下们以钟楼为攻击的目标，这样一来，大钟会发生巨大的噪声，德军士兵受不了震耳欲聋的钟声，只好从钟楼撤下来。趁此机会，士兵们就可以冲出重围。

不确定的时间

一天午后时分，私家侦探麦迪逊应推理小说作家达尔的邀请，来到伦敦郊外的一所别墅。刚到别墅的麦迪逊看到了令他吃惊的一幕，达尔正要送停在门前的一辆要开走的警察巡逻车。

"达尔先生，究竟出了什么事儿？"

"嗨，麦迪逊先生，您来晚了一步。刑警勘查完现场刚走。本想让您这位名侦探也一同来勘查一下的。"

"勘查什么现场呀？"

"刚刚进来了溜门贼。详细情况请进来再说吧。"

达尔把麦迪逊侦探让进客厅后，马上介绍了事情的发生经过。

"昨天早上，我的一个朋友家发生了不幸的事，我和妻子便一道拜访那个朋友去了。今天下午的时候，我自己先回来的，一进屋才发现屋里的东西都乱七八糟的。肯定是家里没人时进来了溜门贼，应该是从那扇门进来的。"达尔指着面向院子的大门。只见那扇门的玻璃被刀割开一个圆圆的

洞。罪犯肯定是从洞里把手伸进来拨开插销进来的。

"嗯,那么有什么东西被盗了吗?"

"倒是没什么贵重物品,只是笔记本电脑和妻子的宝石。除珍珠项链外都是些仿造品,哈哈哈……"

"现场勘查中,刑警们发现了什么证据吗?"

"好像没有,空手而归。罪犯连半个指纹都没有留下,肯定是个溜门老手干的。要说证据,只有珍珠项链上的珍珠有三四颗丢在院子里了。"

"是被盗的那个珍珠项链上的吗?"

"是的。那条项链的线本来就不结实的。可能是溜门贼偷走时装进衣服口袋里,而口袋有洞掉出来的吧。"

达尔领着麦迪逊来到正值夕阳照射的院子里。院子里正开着各种颜色的玫瑰。

"嗨!达尔先生,这花中间也落了一颗珍珠呢。"麦迪逊发现一株红色花的花瓣中间有一颗白色珍珠。

"哪里?哪里……"达尔也凑过来看那朵花。

"看来这是勘查人员遗漏的啊。"

"你知道这朵花是什么时候开的吗?"

"大概是前几天。红色玫瑰总是最先开花,我记得很清楚。"达尔回答着,并小心地从花瓣中间轻轻地取出那颗珍珠。

就在这天晚上,达尔为麦迪逊亲手做了饭。两人正吃着烤鸡时,刑警打来了电话,并且把搜查情况通报给达尔,说是已经抓到了两名嫌疑犯,目前正在审讯当中。

两个嫌疑犯其中一个是叫鲁斯的青年。昨天午后时分,附近的邻居看见他从达尔家的院子里出来。另一个是叫勒尔的男子,他昨天晚上 11 时左右偷偷地去窥视现场,被碰巧路过的巡逻警察发现了。

"这两个人当中肯定有一个就是作案人。但作案时间是白天还是晚上,还没有拿到确凿的证据。这两个人都有目击时间以外不在现场的证明。所以,肯定是他们俩其中的一个犯的案。"刑警在电话里说。

麦迪逊从达尔那儿听了这番话以后,便果断地说:

"如果是这样的话,答案就在眼前了!达尔先生,请来看看花园中的玫瑰吧。"达尔立即拿起手电半信半疑地来到院子里。花坛那里很黑。达尔查看后,返回屋里笑眯眯地说:"哈哈,你的推理果然是对的,真不愧是名侦探啊。我马上打电话告诉警察。"

那么,麦迪逊所认定的罪犯是哪一个呢?

参考答案

作案人是鲁斯。刚刚开花的玫瑰,到了晚上花瓣就会合上。被盗的珍珠掉在了花瓣里,说明作案时间肯定是白天。

奇怪的委托人

史密斯先生是一个私家侦探。他一个人经营着一家小侦探事务所,生意还可以。有一天,他的侦探事务所来了一个戴着咖啡色眼镜的男人。史密斯问:"您好,需要什么帮助吗?"

这个男人板着脸说:"因为某些缘由,我的身份不方便公开,有些事情想请你办一下。听说你是一位推理能力很强的大侦探……"

"哪里哪里,算不上什么推理能力很强……不过,我还没有破不了的案子,倒也是事实。"

说着,史密斯便请那位男子坐下。那个男人坐下之后,说道:"我是想请你帮我跟踪一个人,严密监视她的行动,而且千万别让她发现。"

"那好办啊!跟踪这种事儿,我不止干过一两次了,哪次都没出过问题。您就放心地交给我办吧!不过,您要调查些什么呢?"

"你只要监视她的一举一动,然后,向我实事求是地汇报就行了。只要监视她两周就行!到时候我会来这里拿报告。"

"可是我既不知道您的名字,也不了解您的身份,报酬应该怎么办呢?"

"这些钱先给你作行动经费,不够的部分和报酬,等事情办完再一起给你吧!我不公开身份,你可以同意吧?"

说着,那个男人掏出一沓厚厚的纸币。这一大笔钱远远超过了两周工作所得的报酬,史密斯也就没再说什么。于是他看着纸币,说道:"行吧,就这么定啦。那么,我要跟踪的人是谁呀?"

听他这么一问,那个男人又拿出一张照片,放在那沓钱上。这是一张非常可爱的少女照片。

第二天,史密斯马上开始了跟踪行动。他在那个少女家的附近开始监视,没过一会儿,就看到照片上那个可爱的少女从家里出来。不过,从外面看上去她家并不是十分有钱,这个少女穿着也是很普通。为什么那个男人要不惜花费重金,对她进行跟踪监视呢?史密斯感觉到这件事有些蹊跷。

少女并没有发觉有人在跟踪她。她嘴里还哼着流行歌曲,满面春风地走着。史密斯悄悄地尾随其后,不久,那个少女来到了地铁站。

少女买了一张车票,上了地铁,看样子她是个很喜欢到处玩的人。跟踪这种人,可以说是轻而易举。只不过跟得太近了,容易被发现;太远了,又容易跟丢。幸好这一带是商业区,史密斯才能巧妙地隐蔽跟踪,并及时记录她的行踪。少女来到一座山上的一家小旅店住了下来,她整天都是出去写生,从不和别人有交流。史密斯躲在远处,用望远镜监视着她,而她一直都是写写画画而已。一周过去了,报告书仍是白纸一张,因为根本没有发现少女的行动有丝毫可疑之处。她既不像外国间谍的爪牙,也不像是寻找矿源的勘探者,为什么要监视、跟踪她呢?

两周就这样过去了。约定的跟踪期限也已经到了,然而那个少女依旧没有什么异常的举动。

虽然跟踪期限就要到了,史密斯还是按捺不住自己的好奇心。他若无其事地走到少女旁边,搭讪说:"您这次旅行好像很有趣呀!"

少女不动声色地答道:"是呀,多亏了一个好心人的帮助,我才能够享受旅行的快乐!"

"什么?好心人?你这话是什么意思?你原来没有想过到这儿旅行吗?"

"是啊,我现在还是一个学生,本来没钱去旅游的。可是那天,我在茶馆里碰见了一个男人,这次的旅行费用全是他掏的……他跟我说:"你在这里度假可不怎样,我给你旅费,你选一些自己喜欢的地方去玩玩吧!""

"他是怎样一个人?"

"他没告诉我名字和身份。要说特征的话,就是他戴一副墨镜。正因为如此,才没看清他的相貌。哦,对了,他还跟我说想要一张我的照片,当时我觉得没法拒绝他,就给他了。我以为是用来做广告模特儿什么的,所以才给他的……"

"戴墨镜的男人?"史密斯若有所思,"莫非这个人与我的委托人是同一个人?不过,即使如此,仍然令人想不通。"史密斯带着满脑疑问,回到离开两周的侦探事务所。

"啊!"回到侦探事务所的史密斯不禁掩面长叹一声。

只见屋里面被人翻了个遍,保险柜也被人洗劫一空了。

你知道那个戴墨镜的男人的作案动机与手法了吗?

参考答案

戴墨镜的男人使了一个小诡计,让史密斯去跟踪那个少女半个月。这样,他就有充足的时间,可以不慌不忙地入空室作案并逃之夭夭。

命不该绝的大臣

某朝有一位大臣非常正直，才华横溢，敢于当面和皇帝争论，为民请命。为此皇帝很想弄死他，只因找不到机会而没能成功。有一天，上朝时，皇帝突然想到一个好主意，对他说："我知晓你才华横溢，出口成章，现在我说一句话，你作一句诗，作得好，自有重赏；作得不好，必杀不赦。"大臣应允了。

皇帝自信满满地说："昨晚宫中妃子生了个孩子。"这位大臣随即吟出一句："昨夜宫中降金龙。"皇帝生气地说："什么金龙？是个女孩。"大臣以笑脸相答："化为嫦娥下九重。"皇帝又说："这孩子已经死了。"大臣不慌不忙地说道："料想人间留不住。""胡说！"皇帝厉声吼道："我已令人把她扔进荷花池了。"谁知大臣出人意料地话锋一转："翻身跃入水晶宫。"

皇帝顿时恼羞成怒道："你是大学问家，必定知道'君要臣死，臣不得不死'。如今我令你即刻投水而死！"大臣无可奈何，只得向湖边走去，刚准备往下跳，突然急中生智，拔腿往回跑。皇帝拍案而起："你竟敢抗旨不尊！"

"臣不敢抗旨，只是臣正要往水里跳时，楚国忠臣屈原却从水中现身，对我说了几句，我不知该怎么办好，特来请示圣上。"皇帝听完大臣的话，当即免去了大臣的死罪。你知道这位大臣说了什么吗？

参考答案

大臣说："陛下，臣刚才正准备投水，突然屈原从水中出现，他怒气冲冲地对臣说：'当年我投汨罗江，是因为君王昏庸，山河破碎，如今国泰民安，君王圣明，你不思精忠报国，却来投水自尽，是何道理？'因此，臣将这番话禀明陛下，如果陛下认为我应该投水，我再去投水自尽不迟。"

他怎么做到的

某夜，一名单身画家因为煤气中毒死在自己的公寓内。

凶手把煤气胶管剪断，放在地上，还用一本书夹在胶管上。除了画家，还有画家宠爱的猫也被煤气熏死了。

画家的死亡时间估计是晚上 9 时左右，死之前曾被人注射麻醉剂，由于房间的门和窗都是密封的，煤气在打开后就能很快地充斥整个房间，如

果一个人在这种环境下大约30分钟就会死亡。由此警察认定凶手是在晚8时30分离开现场的。

很快，警察便根据多条线索抓到了犯罪嫌疑人，但是犯罪嫌疑人从晚上7时到第二天都有不在场的证明，因为当时他因酒后开车被拘留。

犯罪嫌疑人是凶手吗？怎么推翻他的不在场证明呢？

参考答案

首先凶手在下手之前先给被害人和猫打了麻醉剂，然后将猫压在夹住胶管的书本上。这样，煤气的胶管承受着猫的重量，虽然煤气已经打开，但却无法散发出来。凶手立即离开了案发现场。

大约在晚8时30分，麻醉剂失去效力，猫苏醒了过来。当它从书本上爬下来时，煤气开始向外散发，30分钟内煤气便充满了房间，画家因而死亡。

凶手离开现场后故意喝醉酒开车，被警方拘留。这样就能证明他不在现场。

除了猫之外，也有用大冰块压住胶管的案件。一段时间后冰块一融化，重量减轻，煤气就能从胶管中散发出来。

县令与抢匪

贵州松桃县大财主王昌明为独生儿子王小明娶了位漂亮媳妇，却被看家护院的门卫看中了。门卫经过几个月的筹划，想出了一条阴险的毒计：这天晚上，门卫带上绳子、铁钉和砍刀，小心地撬开了王小明的卧室，用绳索将王小明捆在柱子上，把他的妻子捆在床上，用钉子把门从里边钉死。二人的呼救声惊醒了全家，王昌明忙喊人去救儿子。门卫喊道："现在你的儿子儿媳全在我手里,谁敢进来,我就先杀死你儿子!"

这么一喊,王昌明不敢派人冲进去了,只好在外面苦苦哀求,先是许下给他许多钱财,后来又答应把儿媳给他。无奈门卫就是不放人,还让王昌明做好饭菜,从门缝放进去。一日三餐,都是如此,有时还点名要菜。王昌明对门卫无奈只好有求必应。

王昌明告到县衙,县令说:"要抓捕罪犯不难,只怕你儿子的性命难保!"一个多月后,老县令离任,新县令孙三木接任。王昌明又到县衙哭诉,恳请县令抓获门卫,救出儿子。孙三木接过状纸,看了一遍,问了问门卫的长相,然后冷冷地说道:"事情拖了这么久,我也没有什么办法。"王昌明见新县令也指望不上,便跌跌撞撞回到家里,与夫人抱头痛哭。儿子屋里的门卫听到哭声,更是幸灾乐祸。

第二天晚上,门卫被打门声、吵嚷声惊醒。他从窗户缝往外一看,只见一伙蒙面大汉手拿刀枪,高举火把,破门而入。一会儿王昌明老两口被推到院子里,跪在地上大喊:"大王饶命!"几个仆人拿着刀枪赶来,只见一个身材高大的强盗威风凛凛站到院子中央,大喊一声:"哪个不想活的过来!"仆人们见状,竟吓得谁也不敢上前。接着,就听见一阵叮叮当当的翻箱倒柜声,又看见有人往外抬东西。过了一阵,又听见有人说:"那间屋子还没有搜,这里有条路,过去几个弟兄,把家伙带上!"门卫一看,真强盗来了,顿时傻了眼。

房门很快被撞开,众强盗一拥而入,把门卫一脚踢翻,五花大绑捆了起来。竟什么东西也没要,只把门卫带走了。

你知道这伙强盗是谁吗?

 参考答案

门卫拿王小明做人质。新县令孙三木从县衙选了十几名强壮的捕快,扮成强盗,用夜间抢劫作掩护,转移门卫的注意力。真"强盗"来王家打劫,

最狡猾机智的沟通

门卫再拿王小明做人质也就没有了意义,只好任由强盗来抓他,这样,便救出了王小明。

聪明的小伙计

清朝乾隆年间,京城里有家叫"鑫来汇"的当铺,掌柜的姓陈,还有个机智灵活的小伙计叫任帅。

有一天早上,任帅刚打开店门,一个穿着讲究的高个子年轻人走了进来。陈掌柜忙迎上去问道:"客人您要当点什么?"

高个子年轻人并不答话,从衣兜里掏出一个小盒子,打开放在柜台上。盒子里原来是一颗洁白晶莹的珍珠。

"太好看了,真是奇宝!"陈掌柜从来没见过这么大的珍珠,心里不禁惊叹道。

高个子年轻人开口说道:"我是买卖人,常在京城一带走动,最近又在京城买了点货,不曾想还没等到付钱提货,钱就全都被盗走了,只能当了这颗家传的珍珠,先把货办回去。"

"那好,要当多少银子?"

"1000 两就行。"

"每月利息是二成,你要是能一个月内来赎,只要付赎银 1200 两。"

高个子年轻人点头表示同意。于是,陈掌柜让任帅收起了珍珠,并把当票和 1000 两银子递给了高个子年轻人。

高个子年轻人揣起当票和银子刚走,任帅就把珍珠又拿回到陈掌柜面前,说道:"师傅,我看这珍珠不像是真的!"

"什么? 不是真的?"

"我也不敢说准,但那个当珍珠的人太可疑了。"

"有什么可疑的地方?"陈掌柜有些不高兴。

任帅知道师傅最听不得别人在他面前说这样的话,忙说道:"师傅,您别生气,我可能是多心了。只是那个人在您看珍珠时神色紧张,拿到银子后又匆匆忙忙地离开了这里,我是怕……"

陈掌柜尽管不相信任帅的话,但想到前不久别的当铺发生过有人用琉璃球充作珍珠骗钱的事,便拿起那颗珍珠仔细看起来。可是,他看了半天还是无法分辨出真假。

任帅又笑着说道:"师傅,您不是说过珍珠用刀能刮出粉末,而琉璃只能刮下片来吗!"

"噢,对了,我怎么给忘了!"陈掌柜一拍脑门儿,对任帅说道:"快去把刀拿来!"

任帅很快取来一把小刀递给师傅,陈掌柜用小刀在珍珠上轻轻一刮,刮下来的竟是片。

"啊,是假的!"陈掌柜被吓得一松手,长叹一声:"唉,这可怎么是好啊!店老板要是知道了,我赔得起吗?"

"这有什么可急的,不就是 1000 两银子嘛。"任帅一边玩着那颗假珍珠,一边轻松地说。

"说得简单,1000 两银子是小数吗?"陈掌柜瞪了任帅一眼。

"师傅,您别着急,我有办法让那骗子连本带利给您送来 1200 两银子。"任帅严肃地望着师傅说。

"简直是胡说八道,都什么时候了,还用这话来哄我。"

"我说的是真的,不过要想办成这事得先借给我 200 两银子……"

陈掌柜看任帅不像在开玩笑,无可奈何地说:"那你就试试吧!"说着,把自己多年积蓄的 200 两银子交给了任帅。

几天以后,那个骗子果然回到了当铺,无奈掏出 1200 两银子交给了陈掌柜。

任帅帮助找回了银子,陈掌柜感激得热泪横流,当铺里的小伙计们也都交口称赞任帅。任帅是怎样把银子要回来的呢?

参考答案

任帅以陈掌柜的名义，用那200两银子在城里一家大饭店办了几桌酒席，宴请城内典当业同行。席间，任帅拿出事先请人仿做的另一颗假珍珠，告诉各位来客说：陈掌柜错把琉璃球当珍珠被人骗走了1000两银子，提醒各位不要再上当。说完，任帅故作生气地拿起大铁锤，当着众人的面把"珍珠"砸碎了。骗子也来到饭店观察动静，看见任帅把假珍珠砸碎了，心中一喜，他想，这回可好了，明天就去赎珍珠，朝他们要几千两银子他们也得给。于是，骗子又来到了当铺。骗子万万没有想到，任帅砸碎的并不是骗子当的那颗假珍珠。当任帅把假珍珠放在他面前时，他哑口无言，只得如数付出了1200两银子。

偷来的家产

北京陈家庄住着兄弟两人，哥哥叫陈曦，弟弟叫陈元。兄弟俩租种几亩薄田，勉强糊口。

有一年，遇上了旱灾，田里颗粒无收。在生活毫无着落的情况下，陈曦就东借西借凑些本钱，到通州一带做起了买卖。

说来也怪，陈曦做生意的运气非常好，没过几年，就赚了很多钱。陈曦寄钱回家，买地盖房，增添家产，并且供养他的弟弟陈元读书。

许多年以后，陈曦已是一把年纪的人了。他打算不再做买卖，回家乡去安度晚年。谁知陈曦刚回到家，他的弟弟陈元竟翻脸不认人，命令家人将他赶了出去。

这下可把陈曦气得眼睛都直了。去告状吧，田地契约都在陈元手上，自己肯定要吃亏；不告吧，这些年，一直是我一个人在外面东奔西跑，饱经风霜,省吃俭用,千辛万苦好不容易才积攒下这笔家产,今天竟不明不白地被弟弟一个人霸占了,怎么能甘心呢?

左思右想,陈曦心中不平,就去找县令王洪田。

王洪田下令将陈元带到衙门。陈元刚上大堂就一口咬定说:"家中财产全是我一手置办,不信可以看契约字据,契约字据可以作证。"说完,从口袋里摸出一大把字据来。

王洪田看陈曦一副老老实实的样子,不像胡说八道,再看陈元有理有据,证据充足。但是,陈元年纪毕竟不大,又一直在读书,谅他也没有生财之道。不过,证据不足,难以定案,他只好吩咐退堂。

但是,过了几天,王洪田便想了一个办法,把这个案件给了结了。

你知道他想的是什么办法吗?

参考答案

过了几天,王洪田将陈元带到县衙,喝问:"本县刚查获一桩盗窃案。据盗犯招认,他的赃物全部窝藏在你的家中,亏你还读过书,竟干出如此目无王法之事,真是岂有此理!"

陈元吓得连忙说:"回禀大人,我一直在家读书,从不与外人来往。家兄陈曦在外经商多年。走南闯北,结交狐朋狗友,或许其中藏有阴谋。家中之物都是陈曦购置,和我没有任何关系。"

"哦,家中之物都是陈曦购置?"

"千真万确。"

王洪田顿时把脸一沉:"大胆陈元,竟霸占哥哥家产,丧尽天良,国法难容,家产全归还哥哥所有。来呀,将陈元轰出公堂。"

怎么寻找她

"丁零……"电话铃声回荡在派出所的一个小房间里,值班员林风拿起电话,只听对方急急忙忙地说:"我是燃料商店的售货员,刚才有一位女顾客来店里说要买石油取暖,我一不小心,给了她一罐汽油,如果她开启使用后果会很严重,怎么办……"由于紧张,对方话也讲不太清楚。但是,林风已了解到事态的严重性。

"喂,那位顾客是你们店里的熟客吗?"林风问。

"不认识,也没有发现什么特别的地方。"对方回答。

好在小镇地方不大。警方马上采取紧急措施,出动几辆警车,沿街进行广播,很快镇上的人们都知道了这件事。但奇怪的是播了 3 小时,也没有人回来换油。林风是个很聪明的人,他从广播声中得到启发:"哦,我知道怎么找到这个女顾客了。"

请问,林风得到了什么启发找到女顾客的呢?

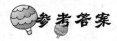

参考答案

小镇地方不大,警车连续广播了 3 小时,那么,这个女顾客的特征应该是耳聋。

青天老爷于成龙

于成龙是清朝时的著名廉吏,一向以勤于政务、爱民如子著称。一天,于成龙刚刚吃过早饭,一个卖米的商店老板拉着一个种田人前来打官司。事件起因是:种田人上街卖柴时,不小心踩死了米店老板的一只小鸡,米店老板要他赔偿 1800 钱。种田人不服,米店老板便把种田人拉到了于成龙的府衙。

于成龙升堂,众衙役站在公堂两旁。于成龙问道:"是谁在门外击鼓鸣冤要告状呀?"那种田人从没见过这种场面,吓得一句话也不敢说。那米店老板是城里人,见过世面,他说:"这个乡下人进城卖柴。路过我家门口,踩死我家养的一只鸡。我家的鸡是良种鸡,只要喂几个月就能长到 9 斤重,按现在的鸡价,1 斤是 200 钱,9 斤刚好 1800 钱,请大人判他赔我 1800 钱。"

于成龙一听,笑了笑说道:"好的,我就判农夫赔你 1800 钱。"农夫听了,大声喊冤说:"我卖10担柴还没有1000钱呢!"米店老板连夸于成龙是青天,可于成龙又说了一句话,农夫不再喊冤,米店老板却连喊倒霉。

你知道他说的是什么吗?

于成龙说:"农夫踩死的是一只小鸡,你还没有喂多久。俗语说:'斗米斤鸡',如今你的鸡死了,就不必喂了,你就会省了9斗米,你既然得到了1800钱,就应还农夫9斗米。"当时1斗米400钱,9斗就是3600钱,米店老板当然赔本了。

聪明的师爷

乾隆初年的时候,松涛县新任知县李清刚刚上任一个月,就发现官印不见了,不禁惊慌失措。他不敢声张,私下叫来师爷陈翔商量对策。陈翔分析说:"这人偷去官印,也没有什么用处,可是你却落下一个丢印的罪名,我想偷印的人无非也就是想让你丢掉官职吧,因此可以断定偷印的人是想要报复你。你有没有什么仇人呀?"

李清想了想,说:"我刚来这里,不可能有什么仇人啊!要说得罪人,我上任不到一个月,会得罪谁呢?只有王狱吏,他贪赃枉法,曾经被我处罚过。只有他有偷官印的可能,可又没有什么证据,也不好办啊。"

陈翔想了一会儿,悄悄地给李清出了个主意。李清听后,不禁拍案叫绝。

那天晚上,王狱吏正在县衙做事,突然后院着起大火。李清立刻当着众下属的面,把封好的官印盒交给王狱吏拿回家保管,自己马上转身指挥救火。

第二天,王狱吏当着众下属的面把官印盒还给县令。李县令打开一看,官印竟在里面,于是当着众衙役的面,表彰王狱吏保护官印有功,发了赏钱。

那王狱吏为什么盗了官印又偷偷还回来呢?

参考答案

当李县令将封好的官印盒子交给王狱吏时,王狱吏就面临着两个艰难的选择:或者当场打开盒子,表明盒中无印;或者拿回盒子,送还时,再表明盒中无印。如果选择前者,说明他早就知道盒中没有官印他有偷官印的嫌疑;如果选择后者,得承担遗失官印的罪名。王狱吏为了免去罪名,只好将偷来的官印放回了盒中。

兜的作用

北京城里有一大户人家,男主人是一个商人,长年在外地做买卖,他的妻子留在家里,既要养育年幼的女儿,又要照顾年老的婆婆。她对婆婆特别孝顺,婆婆逢人就说:"我真是有福气呀,有这么一个好儿媳妇。"

男主人还有一个妹妹,人又懒又馋,没有好心眼。看到母亲如此喜欢嫂子,心里特别嫉妒,所以就一直盘算着,趁哥哥不在家的时候陷害嫂子。一天晚上,小姑来到嫂子家。看见嫂子在忙着照顾婆婆,炉灶上煮着东西。她掀开锅盖,看到里面煮着红枣莲子汤,心想:"哼!这么好吃的东西,也不叫我来吃,我要你吃不了兜着走!"她偷偷跑回自己的屋子,拿了一包耗子药,放进了锅里。

谁知道嫂子煮的红枣莲子汤,是给婆婆喝的。婆婆喝完没过多久,立刻口吐白沫,从床上滚到地上死了。小姑见杀错了人,就一口咬定,是嫂子

故意毒死了婆婆,连夜报告县官,把嫂子抓了起来。

县官先审讯嫂子:"你为什么要毒死婆婆?"嫂子伤心地大喊冤枉,小姑却在旁边编造了很多谎言,说嫂子很早之前就想害死婆婆了,要求县官判处她死刑,为婆婆偿命。县官说:"今天已经很晚了,本官也累了,你们先在附近的小庙里睡一晚,明天早上再审吧。"他又叫了手下人,悄悄地交代了几句。

小庙里阴森恐怖,姑嫂俩硬着头皮走了进去。第二天一早,县官还没有审问呢,手下人告诉县官:"小姑已经自己承认了犯罪事实,是她想毒死嫂子,却把母亲给毒死了!"

这是县官想的一个办法,让凶手自己承认了事实真相,他用的是什么办法呢?

参考答案

县官让手下人夜晚装成鬼,来到小庙里,对小姑和嫂子说:"谁要是敢撒谎,就要抓她去见阎王爷。"小姑因为心里有鬼,就把真相都招供了。

找出破绽

在西方某国,一个重要人物被杀害了。警方怀疑 A 就是凶手,不过,A 却给出了自己不在场的证明,当时他和朋友 B 在家里一起看电视,而那个节目是现场直播的,他甚至还能清楚地说出当晚直播的内容。

警方向 B 查询,他们认为 B 是不会为 A 做伪证的,但 B 的口供中有一点是 A 没有提到的,案发时 B 的确是和 A 在一起,边喝酒边看电视。警方知道 B 是一个酒鬼,经过调查取证,发现 B 确实没有说谎,但是 A 利用 B 爱

喝酒的弱点，使 B 做了自己不在现场的证人。以为这样就能逃脱警方的注意。

你能猜出 A 利用了什么方法吗？

 参考答案

A 是趁 B 喝酒喝得一塌糊涂时，给 B 播放录像的。

扇子与凶手

唐朝时河北府有个胡远,在外地做买卖很久没有回来。4月初,他的妻子一个人在家住,晚上被盗贼所杀。那天晚上下着大雨,人们在泥里拾到了一把扇子,上面的题词是王明明赠给李铭的。

王明明不知道是谁,但李铭,人们都认识,平时言行举止很不正经,于是乡里的人都认定是他杀的人。李铭被带到了公堂上,在严刑拷打之下,只好承认了。

案子已经结案了。之后的一天,县令的夫人笑着对他说:"你这个案子可是判错了。"于是,说出了缘由……

县令听后立刻心服口服,由此去找寻罪犯,最终使案件真相大白。

胡远的妻子是在4月被杀的,晚上下大雨,天气还有些寒冷,用不到扇子。再说,怎么会有人在杀人的时候,还带着扇子呢? 明显是为了嫁祸于人。

三人的盗窃案

美国的纽约警察局,警官邦德手持一份案件的卷宗走进了警长奥力克的办公室,将卷宗毕恭毕敬地放在了上司的桌上。

"警长,5月15日子夜1时,位于贝尔斯剧院附近的一个首饰店被窃去大量贵重首饰,罪犯携赃物驾车离去。现已抓获了拉斐尔、戴维、波斯3名嫌疑犯,请指示!"

奥力克警长安详地看了得力助手一眼,翻开了卷宗,只见邦德在一张纸上写着:

事实1:除拉斐尔、戴维、波斯3人外,已确证本案与其他人没有关系。

事实2:嫌疑犯波斯如果没有嫌疑犯拉斐尔做帮凶,就不能到那家首饰店作案盗窃。

事实3:戴维不会开车。

请证实拉斐尔是否犯了盗窃罪?

奥力克警长看后哈哈大笑,把邦德笑得莫名其妙。然后,奥力克三言两语就把助手的疑问给解决了。

请问,警长是怎样断案的呢?

参考答案

拉斐尔当然犯了盗窃罪。从事实2中可知,没有拉斐尔的话波斯不会单独作案,而从事实3中又可知戴维不可能单独作案,而除了拉斐尔之外,没有别人跟此案有关。于是可知,拉斐尔肯定犯了盗窃罪。

奇怪的绑匪

一年冬天,王先生来到罗格镇避债,还带来了王太太。

不幸的是,王先生被匪徒绑架了。

匪徒要求王太太到小镇唯一的一家银行提款,扬言要100万美元,并命令她不可以报警,否则会立刻杀了王先生。王太太很是惊慌,她来到银行,见附近有匪徒扮成了顾客监视着她,所以没敢向银行经理递字条。

但她不断给经理使眼色,提示他去报警。只是经理并没有注意到,顺

利地替她办完了手续。接着银行职员数了 100 万美元给王太太。

匪徒打电话给王太太,叫她把钱放进门前的垃圾桶内。

一会儿的工夫,匪徒告诉她,她丈夫在 4 千米外的另一个小镇等她。王太太找到了丈夫之后,马上报了警。

警方在银行附近的垃圾箱内找回了所有钱款。那么,这就奇怪了,为什么匪徒在得手后,没有去拿赎款呢?

参考答案

匪徒不可能串通银行经理和职员。这一连串问题只有一个答案,王先生根本没有被绑架!王先生是为了避债而来到小镇的,如果王太太有 100 万美元,为什么不替王先生还债呢?这点王先生早有怀疑,他知道他太太有私房巨款,不想替他偿还债务,于是他自导自演了这起绑架案,终于弄清了太太的经济状况。

谁 的 血

一天晚上,一个年轻女孩被车撞倒。驾车男子将女孩送往医院,途中女孩死亡,尸体被男子抛弃。

由于这是一起恶性事件,警方出动了大量的警力进行调查。警方发现,现场遗留的血迹的血型是 O 型和 A 型。

如此说来,被撞倒的有两个人?但根据目击者的证言,被害者只有一个人,而且肇事者并没有受伤流血。

那么,被害人到底是什么血型呢?

被害人的血型是 O 型和 A 型。这是一个特例,的确有一个人拥有两种血型的例子,这被称为"血型染色体遗传"。在双胞胎中,可能其中的一人有两种血型,被称为"血型突变"。

睡莲花上的血迹

一天下午 3 点多钟,一个女模特儿被杀死在化妆间。当警方赶到后,发现死者全身都是鲜血,死状极惨。在对现场进行勘查时,发现在女模特儿桌子上摆着一大束白色睡莲花。在盛开着的一朵睡莲花的白色花瓣内侧有两滴已经凝固的血迹,经证实正是死者的血液。

而报案的人却非常坚定地保证说他发现女模特儿尸体是在下午 3 点多。下午 3 点多时他还和女模特儿在聊天。警长听了报案人说的话,当场揭穿了他的谎言,并将报案人抓走。

那么,警长是如何推断出报案人在撒谎的呢?

参考答案

根据睡莲花的开花时间判断。因为睡莲一般都在下午 1 点左右开花,到傍晚凋谢。既然花瓣内侧溅上了模特的血迹,说明死者死亡时间应该在开花的时间,也就是下午 1 点左右。所以报案人肯定在撒谎。

排除法的运用

彭妮公司隆重举办了一次单人快艇比赛,通过漫长的等待,上个月的第一周我们终于看到了返回普利茅斯的4艘船只。依据我们提供的线索,你猜出每艘船的返回时间、船上仅有的一名船员的名字,以及这个活动中每位赞助商所做的生意是什么?谁出资赞助这次活动中的每名参赛者吗?

1. 上月6号靠岸的"海盗船"不是挪威的托尔·努森的船,托尔的船其赞助商是欧洲的一家印刷公司。

2. 最先抵达普利茅斯的是罗宾·福特的船,裁判在查看了他的航行日志本后宣布他就是这场比赛的获胜者。

3. 名为"信天翁"的一艘船由一家唱片公司资助,那艘由银行资助的"半月"号船比它晚到一天。

4. 乔·恩格驾驶的"曼维瑞克Ⅱ"的赞助商不是电脑制造商尼克·摩尔斯。"半月"号比它晚到一天。

参考答案

根据提供的线索,"信天翁"是由一家唱片公司赞助的(线索3),托尔·努森的船由一家印刷公司赞助(线索1),乔·恩格的船"曼维瑞克Ⅱ"的赞助商不是由电脑制造(线索4),所以一定是银行。"海盗船"不是由印刷公司赞助的托尔·努森的船(线索1),而是由电脑制造商赞助的。通过排除法,可以发现,托尔·努森的船就是那艘名为"半月"的船。"海盗船"在6号靠岸(线索1),所以它不是3号靠岸的罗宾·福特的船(线索2),那它就是尼克·摩尔斯的。通过排除法,3号靠岸的罗宾·福特的船名为"信天翁"。然后根据线索3,由银行赞助的"曼维瑞克Ⅱ"在4号靠岸。最后

通过排除法,托尔·努森的"半月"在5号靠岸。

综上得出

"信天翁",3号,罗宾·福特,唱片公司。

"半月",5号,托尔·努森,印刷公司。

"曼维瑞克Ⅱ",4号,乔·恩格,银行。

"海盗船",6号,尼克·摩尔斯,电脑制造商。

秀才和他的朋友

孙秀才和他的朋友们都喜欢吟诗、猜谜。

有一天,孙秀才去朋友家串门。刚一进门,他双手合十,立刻念了一首字诗谜:"寺字门前一头牛,二人抬个哑木头,未曾进门先开口,闺中女子紧盖头。"朋友思考了一下便明白了其中的意思,也以诗相答:"言对青山不是青,二人土上在谈心,三人骑头无角牛,草木丛中站一人。"孙秀才一听,朋友所说的诗谜与自己说的完全对应,两人一同大笑起来。

请你猜猜,这两首诗谜的谜底是什么呢?

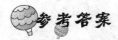

孙秀才诗谜的谜底是:特来问安。他朋友对的诗谜的谜底是:请坐奉茶。(注:"来"字繁体写作"來")

八哥与斑鸠

吉姆是一个航海员,长年出海在外干活,圣诞节也不一定如期回家。于是,他便托付他的一个朋友捎 1000 元美元和一封信带给家里的妻子。

可吉姆交友不谨慎,他的那个所谓的朋友没有好心眼,半路上便将信私自拆开。他看到信上就画了 80 只八哥和 40 只斑鸠,至于钱却只字未提。他的朋友觉得这下就可以坑他了。于是在他见到吉姆的妻子之后,便拿出500 元钱给了她。但聪明的吉姆妻子看见丈夫的信之后,竟对他说:"我丈夫信上说是带回 1000 元钱的呀。"那人一愣,狡辩道:"你丈夫只给了我 500

元啊!"吉姆的妻子笑道:"我丈夫真是认错人了,他的信里明明是在告诉我他给的是 1000 元钱。"然后她把那封信给那个人解读了一遍,那人没有办法,只好把另外 500 元钱还给了吉姆的妻子。

你知道吉姆的妻子是如何知道自己的丈夫捎回来的是 1000 元钱吗?

参考答案

吉姆的妻子解释道:"80 只八哥,80 乘 8 是 640。40 只斑鸠,40 乘 9 是 360,合起来正好是 1000 元。"

聪明的新娘

有一对新人结婚,到了新婚之夜,少不了闹洞房的环节,新郎新娘的众多亲友都在一旁起哄,折腾得这对新人苦不堪言。于是新娘想了一个计谋说道:"我说一个字谜,你们来猜,猜对了有大红包。"大家都答应了,催着新娘赶紧出字谜。

新娘想了一会儿,便说道:"二月身相靠,打一字。"于是大伙都开始绞尽脑汁,你一言我一语地开始瞎猜。其中有人猜是"朋"字,有人猜是"冒"字。新娘却说:"既不是'朋'也不是'冒'。"大家一听不对,便继续猜。此时有人说是"昌"字,然后就喊着要红包。新娘却不急不忙地说:"不对,也不是'昌'字呀。"一群人都陷入困惑中,无以对答。而此时新娘新郎终于可以放轻松一会儿了。你知道新娘的谜底是什么字吗?

参考答案

新娘的谜底是"册"字。

推 推 看

池塘的周围有 4 栋别墅,每栋别墅的花园有一只母鸭子和它的一群小鸭子。根据下面的线索,你能准确地猜出下图每个别墅的名字、每只母鸭子带了多少只小鸭子,以及别墅主人给母鸭子取的名字吗?

1. 戴西有 7 只小鸭子,它的巢筑在与洁丝敏别墅顺时针相邻的那栋别墅里。

2. 沃德拜的别墅建在池塘的西面。

3. 罗斯别墅的小鸭子比迪力生的小鸭子多一只,而前者在顺时针方向上和后者所在的别墅相邻。

4. 数量最少的是多勒生的小鸭子。

5. 小鸭子数最少的那栋别墅和达芙妮所在的别墅沿逆时针方向是邻居。

别墅名称:罗斯别墅,沃德拜别墅,洁丝敏别墅,来乐克别墅

鸭子名字:多勒,迪力,戴西,达芙妮

小鸭子数量:5,6,7,8

小提示:先找出在1号别墅内的鸭子的名字。

参考答案

因为4号位置是沃德拜别墅(线索2),那么在1号位置筑巢的不是迪力(线索3),也不是养了7只小鸭子的戴西(线索1),通过线索4排除了多勒,通过排除法得出是达芙妮。然后根据线索5,2号别墅的花园里有5只小鸭子。线索4告诉我们拥有小鸭子数最多的不是戴西、迪力(线索3),或多勒(线索4),而是达芙妮,她拥有8只小鸭子。2号位置上的鸭子数量比1号位置小鸭子的数量少3只,线索3告诉我们迪力不在2号花园里,已知多勒有5只小鸭子,剩下迪力有6只小鸭子。根据线索3,戴西和她的7只小鸭子的家在罗斯别墅里。依据上述的推断,我们知道它们不在1号、2号或4号位置,那么一定在3号位置,根据排除法和线索3,迪力和她的6只小鸭子在4号沃德拜别墅的花园里。线索1告诉我们洁丝敏别墅在2号位置,剩下1号是来乐克别墅。

综上得出

4号,沃德拜别墅,迪力,6只。

3号,罗斯别墅,戴西,7只。

2号,洁丝敏别墅,多勒,5只。

1号,来乐克别墅,达芙妮,8只。

刺绣作品展

几位女性刺绣爱好者正在举办她们的作品展,下面4幅作品是其中的一部分。根据所给出的线索,你能猜出每幅作品的具体信息(包括作者的全名以及作品的主题)吗?

1. 凯维丝夫人作品的斜对面是《雪景》。

2. 伊冯的刺绣作品叫《村舍花园》，而伊冯不姓福瑞木，2号位置上的作品不是福瑞木夫人的。

3.《河边》比赫尔迈厄尼的作品挂的低。

4.《乡村客栈》的斜对面是萨利·斯瑞德的作品，而前者的号码比2大。

5. 尼得勒夫人的作品比以斯帖作品的号码大。

主题:《乡村客栈》,《雪景》,《河边》,《村舍花园》

名字:萨利,伊冯,以斯帖,赫尔迈厄尼

姓:尼得勒,斯瑞德,凯维丝,福瑞木

小提示:先找出2号作品作者的姓。

 **参考答案**

凯维丝夫人的不是2号作品(线索1),也不是福瑞木夫人的(线索2)。通过线索4我们推断萨利·斯瑞德的作品在3或4号位置,通过排除法,尼得勒夫人是2号作品。然后根据线索5的提示,以斯帖刺绣是1号作品,但不是《雪景》(线索1)或《河边》(线索3),伊冯刺绣是《村舍花园》(线索2),由此类推得出《乡村客栈》是以斯帖的作品。根据线索4,4号作品是萨利·斯瑞德的作品。根据线索3,赫尔迈厄尼就是刺绣2号作品的尼得勒夫人。排除法得出伊冯的《村舍花园》是3号作品,可是她是凯维丝夫人而不是福瑞木夫人(线索2),剩下福瑞木夫人是以斯帖。刺绣《河边》不是赫尔迈厄尼的作品(线索3),因此她的作品一定是《雪景》,所以萨利·斯瑞德的作品是《河边》。

综上得出

1号作品,以斯帖·福瑞木,《乡村客栈》。

2号作品,赫尔迈厄尼·尼得勒,《雪景》。

3号作品,伊冯·凯维丝,《村舍花园》。

4号作品,萨利·斯瑞德,《河边》。

成语迷阵

在下面的括号中填上合适的字,使之成为完整的成语,并且加法等式依然成立。

(?)生有幸 + (?)呼百应 = (?)海升平

(?)龙戏珠 + (?)鸣惊人 = (?)令五申

(?)敲碎打 + (?)来二去 = (?)事无成

(?)步之才 + (?)举成名 = (?)面威风

参考答案

(三)生有幸 + (一)呼百应 = (四)海升平;

(二)龙戏珠 + (一)鸣惊人 = (三)令五申;

(零)敲碎打 + (一)来二去 = (一)事无成;

(七)步之才 + (一)举成名 = (八)面威风。

第二章　逻辑的训练

5 名突击队员

1872 年，一群隐匿在里约·布兰可郡得克萨斯州的逃犯被得克萨斯州突击队抓住了。下面提供的是其中 5 名突击队员的具体信息。你能从中推断出每名突击队员的家乡、全名以及迫使他们放弃成为一名执法官的原因吗？

1. 有一名突击队员曾经是逃犯，现在仍然在美国被通缉，特迪和海德警官都不是这个人。特迪·舒尔茨是一个德国移民的儿子。

2. 埃尔默·弗累斯在没有工作时总是酗酒，来自圣地亚哥的那个人姓海德。

3. 来自福特·沃氏的并非突击队员马修斯，他把部分工作时间和业余时间都花在了吃喝玩乐上。

4. 在位于墨西哥边界的拉雷多出生的是突击队员多比，奇克不姓弗累斯。

5. 来自休斯敦的那名突击队员在工作中表现很好，但可惜他遇到的囚犯都被他击毙了。

6. 乔希不是通缉犯，皮特在艾尔·帕索出生长大。

参考答案

　　多比来自拉雷多(线索 4),马修斯不是来自福特·沃氏(线索 3)或圣地亚哥(线索 2),并且他的爱好是吃喝玩乐(线索 3),也不是击毙所有他遇到的囚犯的那名突击队员(线索 5),因此他一定来自艾尔·帕索,并且他的名字是皮特(线索 6)。来自圣地亚哥的人不姓多比(线索 4),那么就姓海德。我们知道他不是喜欢吃喝玩乐的人,不能引进囚犯或不是酒鬼的那个人,也不是通缉犯(线索 1),所以他一定是个赌徒。特迪·舒尔茨来自休斯敦并且不是赌徒或通缉犯(线索1),所以他是那个击毙囚犯的人。通过排除法,弗累斯来自福特·沃氏。乔希不是通缉犯(线索6),而是赌徒海德。最后,由于奇克来自拉雷多的多比,而不是姓弗累斯(线索4),所以排除法得出,那个通缉犯就是他。剩下来自福特·沃氏的弗累斯是酒鬼埃尔默。

综上得出

乔希·海德,赌徒,圣地亚哥。

奇克·多比,通缉犯,拉雷多。

皮特·马修斯,吃喝玩乐,艾尔·帕索。

特迪·舒尔茨,击毙囚犯,休斯敦。

埃尔默·弗累斯,酒鬼,福特·沃氏。

无辜的拉迪斯先生

命途多舛的、带有神秘色彩的"东方列车",这天又发生了一起讹诈案件。

喜欢侦探故事的拉迪斯先生打扮得衣冠楚楚:嵌绒领的天蓝色大衣,真丝的领带、锃亮的皮鞋。他一手提着黑色的皮箱,一手拿着一顶大礼帽,上了头等车厢。彬彬有礼的乘务员引导他进了自己预定的包厢。拉迪斯先生刚被 DFDF 电器公司任命为驻德黑兰的商务代表,今天他是怀着非常愉悦的心情去上任的。

在列车驶出了君士坦丁堡站的时候,夜色已经很深了。

拉迪斯先生看了一会儿侦探小说,正准备上床睡觉时,突然,一个女人闪进他的包厢。她长得很端正,可能是哪一家皮货店的模特。一进门,她就把门反锁上,胁迫拉迪斯先生乖乖交出钱包,否则,就要扯开衣服,叫喊是拉迪斯先生把她强拉进包厢,企图强奸她的。

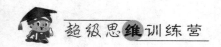

看到拉迪斯先生没有作出反应,这个女人乐不可支地说:"先生,即使是你床上的警铃也帮不了你的忙了,因为,我只需要把我的衣服轻轻一拉……"

拉迪斯先生陷入困境,他只好淡定地说:"让我想想,让我想想。"说着,他点燃了一根"哈瓦那"牌雪茄。

就这样,双方僵持了几分钟。出乎这个女人意料的是,拉迪斯先生并没有交出钱包,而是轻轻地按了一下床头的警铃。

这时,这个女人不由得火冒三丈,她果然是说到做到,马上脱了外衣,扯开了胸前的衣衫。待乘警闻讯赶到时,躺倒在拉迪斯床上的这个女人又哭又闹,她直着嗓子喊道:"几分钟前,这个变态的男人把我强行拉进了包房。"

这时,拉迪斯先生依旧平静地、不动声色地站在那里,悠闲自在地抽着雪茄,雪茄上留着一段长长的烟灰。

乘警目睹了这一切之后,并没有立即作出判断。他仔细地进行调查,不一会儿就明白了:这个女人想要讹诈拉迪斯先生。于是,就毫不犹豫地把这个女人给带走了。

警察是根据什么作出判断,认定拉迪斯先生是无辜的,而这个女人却是在敲诈呢?

参考答案

乘警发现拉迪斯正在抽着雪茄,并留有一段很长的烟灰,据此断定刚才拉迪斯先生正在抽雪茄,并没有把她强行拉进包厢里,想要强奸她。

谁的布匹

有一个名叫李全的人,在一个布店里当学徒。布店里的布全部都是卷

起来的,顾客要想买布了,店里的伙计就把布拉出来,让顾客挑选,卖完之后,再把布卷起来。这种卷布的手艺,能表现出布店伙计的水平,李全天天刻苦练习卷布,练得手掌起泡,胳膊都练肿了。几个月下来,他已经练得非常熟练,手里的布料一甩、一抖、一晃,再长再乱的布料,一眨眼就卷得舒舒服服的。

一天,老板要李全送一匹布到裁缝店去。他扛着布就上路了,走到一半时,突然电闪雷鸣,天上下起了大雨。豆大的雨点稀里哗啦地落下来,路上的行人全都抱着头,迅速找地方躲雨。李全担心大雨把布淋湿,他看见路边有一座亭子,马上冲了进去。

亭子里,已经有一个年轻人正在躲雨,看到李全走进来,很热情地打了招呼。李全就和他开始聊天。聊着聊着,雨停了,太阳出来了。李全跟那个年轻人说道:"天晴了,雨停了,我该送布去了,再见啦!"说着,拿起布就要走,谁知道那个年轻人抢过布匹,很生气地说道:"你怎么能拿我的布呢?"李全奇怪地问:"这是我的布呀,你怎么能胡说呢?"年轻人理直气壮地说:"明明是我的布啊!"两人争吵了起来,最后,只好请县官来评判。

县官把布料摊开来,认真地看了看,然后叹了一口气,挥挥手说:"本官看不出来什么证据,请你们把布料卷起来吧,本官不管啦!"年轻人非常得意,抢先夺过布料,笨手笨脚地卷起来。县官哈哈大笑起来,指着年轻人说:"你可真是个大骗子啊!"

县官凭什么判断出年轻人就是骗子呢?

参考答案

从年轻人生疏的动作就可以看出来,他不是布店的伙计。

报时的破案

一个建筑公司的老板在星期六下午被发现死在别墅里。

被害者在死前似乎激烈地反抗过,台灯、烟灰缸、花瓶、电话掉了满地。就连墙上的挂钟也掉在地上。发条停止了,指针也碰掉了。死亡时间是在星期四下午。

公安人员拾起地上的指针,遗憾地说:"如果挂钟的指针没有掉的话,

就能知道准确的作案时间了……"

他把钟挂到墙上,突然齿轮又开始转动了,原来钟的机械部分并没有损坏,只是掉下来时齿轮被地上的东西卡住了。"刚好是 3 点吧?"侦察人员看了看自己的手表。

侦察人员继续搜查现场,把挂钟这件事已经忘了,突然挂钟上的小门打开,开始报时报告现在是 9 点。

那位侦察员又看了一眼自己的手表:3 点 15 分,他猛然醒悟过来说:"我知道案发的时间了!"

那么,请问你知道案发时间是什么时候?

 **参考答案**

侦察人员在 3 点钟时将钟挂到墙上,钟又开始走动,过了 15 分钟,报时鸟就出来报告是 9 点钟了。这就表明,这个挂钟掉在地上停止走动的时间在星期四晚上差 15 分 9 点时。所以知道作案时间是 8 点 45 分。

没有脚印的沙滩

一天早晨,在日本某海滨浴场的沙滩上发现了一名外国青年人的尸体。

有把刀子就掉在尸体旁边,青年是被人用刀子刺入腹部后立即死亡的。已经死了 4 个小时了。

但是,在那平坦而广阔的沙滩上,现场除了被害者的足迹外,再也没有另外的脚印。而且,看起来也不像是坐直升机逃走的凶手,或是用扫帚将自己的足迹扫掉以后再逃走。当然,更不可能是踩着被害者的脚印离开的。

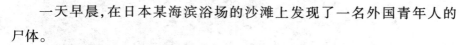

那么,请问你知道凶手是用什么方法不留脚印逃走的吗?

参考答案

关键是这个青年被杀的时间。4 小时前,凶手趁被害者靠近水边时,将他杀死,那个时候正是海水涨潮的时候,海水一直拍打到凶杀现场。然后乘船离开或游泳而去。因此,在退潮之后,沙滩上当然不会留下任何足迹。凶手也是用同样方法来到现场的。

银子与银字

一天，陈知县刚刚处理完一起命案，衙门口又来了一个告状的。只见他愁眉苦脸，唉声叹气，上到堂上来后跪在知县面前哭诉道：

"我叫孙成森，是个做小本生意的小客商。昨天刚从澧县赶来此地，住在县城东郊的小客栈里。来的时候，我随身携带了200两银子，想到这里购点货物，我见客房里人比较杂，怕银子丢失了，便交给了店主人替我保管。没想到，今天早上我去找店主人拿钱时，打开包裹一看，里面的银子变成了一块青砖头。我向店主人要银子，可他说不知道。我没办法了，只能来此请求大人明断。"

陈知县听完孙成森的诉状，立即命衙役去传店主人来上堂。

过了一会，店主人便随衙役来到了大堂之上。

陈知县盯了他片刻，问道："你可曾替孙成森保存过200两银子？"

店主人摇动着那肥胖的脑袋，鼓肉眼转了几圈，答道："大人，您可是青天大老爷呀。昨天他来到我的店里投宿，没错，他是让我替他保存一个包裹，可那里面并没有银子呀。不信的话，您让他自己说，当时他让我存什么来着呀？"

陈知县把脸转向孙成森问道："昨天，你让他存的什么呀？"

听了这话，孙成森支支吾吾地答不上话来。

"你到底存的是什么呀？"陈知县追问道。

孙成森刚想着该怎么回答，店主人却抢着说道："昨天他存东西时，说包裹里是一块砖。我收下包裹后。动也没动，哪里知道有什么200两银子呀。"

"你是这样说的吗？"陈知县注视着孙成森脸上的表情变化。

孙成森畏惧地抬头看看陈知县，说道："我怕存这么多银子，店主人起

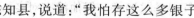

疑心。为了不招来麻烦,我将银子包在了几件衣服里面,当时的确是没告诉他实情!"

"这就对了吗,黑的变不了白的,想敲诈我? 门都没有!"店主人一脸的得意样儿。

孙成森急得眼睛里直冒火,泪流满面,非常痛苦地说:"青天大老爷啊,那200两银子可是我一家老小的救命钱啊!"

陈知县眯缝着眼睛,交替审视着眼前这两张截然不同的脸,心想:原告孙成森并没有当面把银子交给店主人保管,但瞧他那一脸愁苦的样子,应该是个善良老实的人。店主人虽说不知道孙成森的包裹里有银子,可他那奸诈的样子实在叫人生疑。难道真的是他发现孙成森包裹里有银子,便暗自用一块青砖换下? 虽然店主人很是可疑,可是,孙成森昨天晚上存包裹时并没说清。现在既没有证人,也没有证据,如何才能断明此案呢?

陈知县来到堂下,想来想去。突然,他想了一个好办法。他让人取来一支毛笔,来到店主人身边说道:"把手伸出来。"

店主人不知陈知县要干什么,莫名其妙地把手伸到陈知县面前。只见陈知县在店主人的手心写了一个"银"字,然后让他来到院子里,站在烈日下曝晒。陈知县还叮嘱他:"千万注意,看好你手上的这个'银'字,若是没有了,我就判罚你还孙成森银两。"

于是,店主人站在院子里一动不动,两眼死盯着手心上的"银"字,生怕跑了"银"字而丢了银子。

这时,陈知县又差衙役迅速将店主人的妻子传讯到庭上。

陈知县突然问她:"昨天晚上,你们替客商保存的银子放在什么地方了呀?"

"什么银子? 我不知道啊!"老板娘没被诈出来,装作糊涂地答道。

陈知县大怒:"贱女人,你还想狡辩! 你男人都招供了! 你还不承认?"老板娘嘿嘿一笑默不作声。

陈知县气得暴跳如雷。但他没有对老板娘严刑逼供,却让老板娘跟他来到窗前。然后,他隔着窗口向站在院子里的店主人喊了一句话,老板娘便如实招供了,还供出了银子藏在她家衣柜顶上。陈知县派衙役去店主人家搜查,果然在衣柜顶的夹板里搜出了那200两银子。

陈知县在窗口对店主人喊了什么话,才使老板娘如实招供的呢?

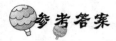参考答案

　　陈知县对店主人喊道:"你收(手)上的银子(字)还在不在?"店主人正在目不转睛地盯着手心上的"银"字。听到陈知县问他话,脱口回答道:"我手上的'银'字还在啊,错不了。"陈知县转身又对老板娘说道:"听清楚了吧! 你男人都承认收了别人的银子了,你还不从实招来吗?"

　　由于陈知县巧妙地利用了语言中的谐音,老板娘不知是计谋,以为自己的男人真的招供了,便供出了实情。

奇怪的家书

　　有这么一个美丽的小镇,镇子西街住着小商贩宋文才一家。宋文才虽然大字不识一个,可做买卖却十分精明,每次出去,总能带回不少银子来。这年春天,宋文才又告别了妻子春梅,进关来到繁华的天津城。

　　两个月后,宋文才做生意挣了一些钱。一天,他独自一人坐在客房里,双眉紧蹙,脸上布满了愁云。原来,临从家里出来时,他父亲刚刚生病去世,为医治父亲的病,几乎花光了家里的积蓄。他知道家里一定等着用钱,应该尽快把这两个月挣的银子送回去。可是眼下正在进行着一笔大买卖,怎能放过这样一个挣钱的机会呢! 想到这里,宋文才不禁长叹了一声。

　　"老弟,听说你又发大财了,怎么还唉声叹气的呢?"这时一个油头粉面的年轻男子走进屋里。

宋文才一看，来人是同街的邻居陈其正，赶忙起身让座："来来，兄弟，你什么时候到这里的呢？"

陈其正看看屋内没有外人，便故作神秘地对宋文才说："老兄，我这次来天津城也算福分不浅，一共赚了这么多。"说着，伸出了3个手指头。

"挣了30两银子？"

"不对，少说了100倍！"

"什么？3000两银子？"

"嗯，其实还可以多挣，可我想念家里的人，明天就要回去啦。"说到这里陈其正看了一眼宋文才那愁苦的面容，又说："哎，老兄，不往家捎个信吗？"

"哦，对了！"宋文才这才想起要往家里捎银子的事，忙说道："仁兄，我想托你给我家里人捎点银子去，行吗？"

"这有什么，不必客气，一定给你捎到。"陈其正答应得很痛快。

宋文才高兴地借来纸墨。陈其正站在一旁感到很奇怪，心想，这小子斗大的字不识一个，怎么竟写起家书来了。他好奇地伸过脖子一看，差点笑出声来。那哪是什么家书，是一副奇特的画。宋文才在纸上画了三座高山，并在每座山头上画了一面小旗。陈其正忽然明白了，这可能是宋文才画给儿子玩的，于是脱口问道：

"这是给你儿子画的吧？"

宋文才刚要说什么，却又止住了，只是朝陈其正点了点头，并从包袱里拿出了30两白银，连同画一起交给了陈其正。

半个月后，陈其正带着银子和那张画来到了宋家。宋妻春梅得知丈夫托陈其正给自己捎来银子，很是高兴。可是当春梅看过那幅画后，把陈其正拽住了，问道："孩子他爹托你捎回来30两银子，你怎么才给我10两呢？"

"那……那怎么可能呢？"陈其正的脸一下子红了起来，嗫嚅着说道。

春梅指着画一说，陈其正羞愧难当，只得交出昧下的那20两白银。

春梅是怎么知道丈夫给自己捎来了30两银子的呢?

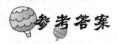 **参考答案**

春梅把画递到陈其正的面前,指着画上的三座山说:"三山(三)得九!"又指着山上的三面小旗说,"三旗(七)二十一! 你也算是读过书的人,加加看吧!"

赃物的箱子

夜晚,趁门卫换岗的机会,一个身手矫健的黑影溜进了一家民俗博物馆,并盗走了大批珍宝。

侦探阿密斯接受这个任务后,马不停蹄,迅速地把本市所有的珠宝店和古董店都调查了一遍,但是没有一点线索。

无奈,阿密斯就找到了大名鼎鼎的探长斯密特向他请教。

斯密特探长反问道:"如果你是盗贼,你会藏到珠宝店或者银行的保险箱里吗?"

"哦,我当然不会。"

斯密特探长说:"我说你不必费心了,不要到那些珠光宝气的地方去找,应到那些不起眼的地方走走。"

他们说着话来到了城边的贫民区。阿密斯心想:"这里会有线索吗?"他表现在脸上,但嘴里没有说。还没有等斯密特探长再说什么,这时,有一个瘦弱的年轻人从身后鬼鬼祟祟地闪了出来。他低声说道:"想要古董吗? 很便宜!"

斯密特探长漫不经心地说道:"有一点兴趣,带我去看一看。"

只见那个青年人犹豫一下,斯密特马上补充了一句:"我是一个古董收

藏家,要是我喜欢的话,我会全部买下来的。"

那人觉得是个大客户,便带他们去一个不大的制箱厂。在这里还有一个青年,在他面前堆满了从 1 到 100 编上数字的小箱子。

等在这里的青年和带路人交谈了几句,就取出了笔算了起来,他写道:"428 + 396 = 824。"他打开 428 号的箱子,取出了一只中世纪的精美金表。忽然,他看见了阿密斯腰间鼓着一块像是短枪,吓得立刻把金表砸向阿密斯,转身就跑。阿密斯一躲,然后追不上了。

斯密特探长立刻对带路人进行了审讯。

带路人对警察说"我什么也不知道。我是帮工的,拉一个客户给我 100

美元。"

斯密特探长追问："还有什么?"。

"我只知道东西放在 10 个箱子里,他说过这些箱子都有联系而且都是 400 多号……"

"联系?"斯密特探长琢磨起来。接着,他发现一个有趣的现象:把 428 这个数字的不同数位换一换位置,就是 824,这就是说,其他的数字也有同样的规律!斯密特探长马上就找到了答案。

你知道斯密特探长是怎么找到答案的?

 **参考答案**

斯密特探长根据带路人提供的每个箱子都有联系,发现了内在规律:和的十位上的数字与第一个加数的十位上的数字相同,这就要求个位上的数字相加一定要向十位进 1,1 与第二个加数 396 十位上的 9 相加得整数 10 向百位进 1,所以和的百位上的数字一定是 8,而它的十位上的数字从 0 到 9 都符合条件,所以知道了另外 9 个箱子的编号是:408、418、438、448、458、468、478、488 和 498。

熟豆子与生豆子

高强是来福县的县令,一天,有个贩麦的商人,来到衙门告状,说晚上路过一村子的寺庙前时,被一伙人抢劫了,但由于天黑,并没有看清楚盗贼是什么模样,有多少人。

高强听完贩麦商人的报案后,并没有马上去抓盗贼。他想如果官府去抓盗贼,由于没有确凿证据,不仅抓不到盗贼,反而容易打草惊蛇,盗贼必定会躲起来,短时间内不会再出来作案;即使抓到强盗,找到了麦子,但这

种麦子是很普通的粮食,几乎家家都有,强盗要抵赖说这不是赃物也难验证。于是高强叫贩麦的商人先回家去等候消息,并嘱咐贩麦商人一定不要操之过急。

过了几天,又有一个贩豆子的商人晚上走过那个寺庙,结果,豆贩子也遭了抢。高强就命一个士兵化了装,到寺庙去买豆子。士兵说要检验豆子的好坏,要和尚把所有装着豆子的袋子都打开。士兵一袋一袋地认真检验,找了好一会儿,才挑选到了几袋满意的豆子。随后,士兵立刻就逮捕了这个卖豆子的和尚,把他押解回县衙。到县衙后,这和尚没有抵赖,交代了全部罪行。从这以后,当地的盗贼们躲的躲,逃的逃,再也不敢作案了。

高强是用什么方法抓获强盗的呢?

参考答案

卖豆子的商人是高强派去的。高强暗中派的这名商人晚上路过那寺庙。他被抢的豆子中掺进了少数熟豆子。高强派士兵到寺庙买回的豆子中发现有熟豆子。说明这寺里的和尚是抢劫犯或者是销赃犯。

"神钟"的能力

陈一夫刚到蒲城县做县令不久,本县就发生一起盗窃案,失主家里的几件贵重东西被偷走了。衙役们抓了一批嫌疑人,但一连审问了几次,均毫无结果。这使陈一夫有些犯难:把嫌疑人都押起来,显然不太合适;都放掉,案子破不了会被人看不起,受到人们的嘲笑。怎样才能把真正的盗贼给找出来呢?

晚上,陈一夫难以入眠,坐在灯下翻阅相关的材料,苦苦地思索。这时,寺庙里的钟声传来,在他耳边久久地萦绕。这悠扬的钟声使他想出了

一个破案的巧妙办法。

过了几天，陈一夫向官员们说："最近在县南边的灵山寺中发现了一口'神钟'，能辨别盗贼，而且特别灵验。"随后派人将那口"神钟"运回蒲城，低低地悬挂在衙门后面的阁楼里，让人焚香点烛，供上水果祭拜。

这事很快传到嫌疑人的耳中，他们不知"神钟"怎样辨别盗贼，每个人都产生了莫名其妙的惊慌。

这一天，陈一夫吩咐把嫌疑人带进阁楼。他带领官员们在"神钟"面前恭恭敬敬地摆上供品，烧香叩头，然后对嫌疑人说："这口钟很灵验，没偷东西的人摸它，不会发出声音；偷过东西的人只要手一碰到它，就会发出嗡嗡的声响。你们现在都不承认自己偷了东西，我只好请'神钟'来辨别了。"

说完，陈一夫让他们退出阁楼，叫狱吏把"神钟"用帷帐围起来。过了一会儿，陈一夫亲自监视，把嫌疑人逐个带进黑糊糊的帷帐里，让他们伸手去摸钟，摸过后，都挤在阁楼的一个黑暗角落里。

十几个人都摸过了，"神钟"竟没有发出一点声音。陈一夫叫嫌疑人一个个走出阁楼，说："把你们的手伸出来。"他们先是一愣，接着毫不在意地把手伸到面前。陈一夫逐个检查，然后指着其中一人说："偷东西的就是你！"经过审问，那人果然就是盗贼。陈一夫是怎样破案的呢？

参考答案

陈一夫暗中派狱吏将钟的表面上涂满了墨炭，而真正的犯人做贼心虚，唯恐手摸到钟后发出响声，只做了个摸的样子，没敢让手触到钟的表面，所以手上一点儿墨炭也没沾上，手是干净的，便说明他是盗贼，而其余人的手上全沾上了墨炭。

谁的孩子

一天,两位妇女来到了所罗门王跟前。第一个妇女一边抽泣着一边说:"敬爱的陛下,我和这个妇人住在同一间屋子里。我分娩了。不过,在我生了儿子的第二天,她也生了个儿子。在那屋里只有我们两人。这个妇人的孩子在一天夜里被她自己压死了。她便趁我熟睡时把我的孩子抱了过去,把她那已经压死的孩子放到我的身边。凌晨我起来给孩子喂奶,发

现孩子已经死了,我伤心欲绝。等到天亮,我才发现那不是我亲生的。"

第二个妇女也不示弱,立即抢过话头说:"尊敬的陛下,请您不要相信她的鬼话,她的儿子才是死的,我的儿子是活生生的。"

第一个妇女伤心地说:"陛下,你一定要给我做主呀!"

两个妇女就这样在所罗门王面前争执起来。所罗门王看着眼前的两个妇女,想了一会儿,便眉头一皱,计上心来,所罗门王拿起把剑对两个妇女义正词严地说:"都别吵了,把孩子劈成两半,一人一半!"

第一个妇女连忙哀求道:"饶恕我吧!陛下,把活着的孩子判给她吧,求您可千万别杀死他!"

但是第二个妇女却说:"孩子将不归你,也不属于我,劈就劈吧。"

这时,所罗门王却突然宣布道:"她就是这个孩子的真正母亲!当然不劈孩子了。"

你知道所罗门王为什么这么判定吗?

参考答案

按照正常的逻辑,每个孩子的亲生母亲都不会忍心看到自己的孩子被劈成两半,而只有非亲生母亲才能无动于衷,看着如此残忍的事发生。他是通过两个妇女的表现来判定的。

银牙签

一天,陈七与酒店老板赵明撕扯着来到县衙告状。

陈七先控诉道:"小民陈七,以卖布为生。前天赵明到我处取走两匹细布,说好今日付钱,谁知今日我来收账,他竟矢口否认曾拿过我的布匹。小民的生意薄本小利,经不得讹骗,求老爷为小民做主。"

赵明反唇相驳，两人在王知县前各执一词，互相斥责。

王知县一拍桌子，喝住了他们。待问过两人详细情节后，掷下捕签，大声对陈七道："大胆刁民，自己卖布亏了本，竟敢诬告他人，讹诈银两。你告赵明骗你布匹，契据何在？证人可有？分明视本公堂如儿戏，将刁民陈七押下，听候发落！"

说罢，王知县走下公堂，来到赵明面前，和声细气地对赵明说："赵老板受惊了，刁民陈七实不安分，本县一瞧便知其非善良之辈，此番定重责不贷。"王知县与赵明老板攀谈起来，言语间甚是投机。

这时，王知县见赵明胸前露出一副银牙签，便道："本官早有心打造一副牙签，终因无此物样，难以如愿，今借赵老板此牙签仿造一副，你看可以吗？"赵明忙说："老爷见外了，请随意仿制打造。"

结果，王知县就靠这一副银牙签，便破了此案。

王知县是怎样破案的呢？

参考答案

王知县让赵明稍候，然后拿着银牙签来到了后衙。让他一个衙役带上银牙签，扮作伙计模样，去赵明店中取布。衙役见到赵明妻子后，取出银牙签对她说："赵老板将前两天进的那两匹布转卖他人了，现在赵老板有事不能亲自来，派我来代为取布，因为怕你生疑，故以银牙签为凭。"赵明的妻子仔细地查看了银牙签后。确认是丈夫的随身之物，便将两匹细布交给了差役。此刻，证据确凿，赵明只好认罪。

铁路线上的死尸

在某市的铁路线上，几个铁路工人正在对铁轨进行例行检查。一名工

人突然发现路轨旁边有一个黑色编织袋,他们好奇地打开一看,竟是一具男尸。

警方接到报案后迅速赶到了尸体的发现地点。他们确认了死者的身份,并证实死者是在昨天晚上 10 点多被害的。他们把调查目标放在了死者朋友王某的身上。

王某声称他根本没时间去市郊作案,因为他加班到午夜,不可能去那么远的地方。因为从市中心到郊区单程需一个小时,往返需两个小时。

刑警队长并没有相信王某的话,因为他发现有一座立交桥横跨铁路线。而那座桥正是王某下班的必经之路。请问队长是怎么推理的呢?

 **参考答案**

王某将朋友杀死之后,利用下班的时间将尸体从立交桥上扔到从桥下穿过的火车车顶上。火车因要进站,就会减速行驶,后来提速时就把尸体摇晃下来了。

音乐会的阴谋

直到音乐会开幕的当晚,格力对他的两个得意门生巴蒂尔和爱丽丝谁将首次登台独奏小提琴,仍然犹豫不决。开幕前 15 分钟,他告知巴蒂尔准备出场演奏,然后将这个决定告知爱丽丝,爱丽丝感到很遗憾。

10 分钟之后,格力去叫巴蒂尔准备出场,却发现巴蒂尔倒毙在小小的化妆间,头部中弹,血流满地,格力慌忙敲开舞台侧门,将这一惨案报告尼克探长。

探长见开场时间已到,就极力劝格力先别声张,继续演出,然后他走进爱丽丝的化妆室。爱丽丝听到最后决定让他登台时,没有询问情由,便拉

63

拉领带,拿起琴和弓,随格力登台了。

当听众正如痴如醉地沉浸在优美的乐曲中时,尼克探长却拿起电话通知警察前来逮捕这位初露锋芒的小提琴手。

你知道探长为什么要逮捕爱丽丝吗?

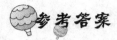参考答案

爱丽丝事先已做好演出准备的事实,说明他对巴蒂尔的死和自己将上场演出是有准备的,这就证明他涉嫌谋杀。如果他事前不知道,他上场前就应准备,用松香先擦弓,并调整好琴弦。

集中注意力

乡长老斯布瑞格正在指派任务,4个老朋友很认真地听着。请根据下面的提示,你能说出1~4号位置的每个人,说出他们想做的事以及每个人穿的衣服是什么面料的吗?

1.艾格挨着一个穿着狼皮上衣的人右边。

2.埃格正在想怎样面对他自己的岳母耐格,本来他的妻子就很能言善辩。

3.3号位置是穿着山羊皮上衣的人。

4.奥格穿着小牛皮上衣,他不打算靠粉刷他的窑洞的墙壁打发时间。

5.穿着绵羊皮外套的那个人打算在假日里把他小圆舟上的漏洞修补一下,阿格坐在他左边。

集会成员:埃格,奥格,艾格,阿格

想做的事:钓鱼,修小圆舟,粉刷窑洞的墙壁,拜访岳母

上衣:山羊皮,绵羊皮,小牛皮,狼皮

提示:关键在于奥格打算去做什么。

参考答案

　　通过线索2和线索5,我们知道埃格要去拜访岳母,穿着绵羊皮外套的男人打算修他的小圆舟,并且穿着小牛皮上衣的奥格不打算粉刷他的窑洞墙壁(线索4),因此他一定是去钓鱼。由于穿着绵羊皮外套的男人不是阿格(线索5),所以他也不是埃格或奥格,那么他是艾格。排除其他可能后,我们知道剩下阿格是准备粉刷窑洞墙壁的男人。穿着绵羊皮外套的艾格不在 1 号位置(线索 1),也不在 3 号位置,因为由线索 3 我们知道 3 号穿着山羊皮上衣,而线索 1 和 3 排除了他在 4 号位置的可能,那么他一定在 2 号位置,1 号穿着狼皮上衣(线索 1),剩下穿着小牛皮上衣的奥格在 4 号位置。再由线索 5 知道阿格在 1 号位置,他穿着狼皮上衣,排除其他可能后,我们知道在 3 号位置上穿着山羊皮上衣的人是埃格,就是那个打算拜访岳母的人。

真相大白
1 号,阿格,粉刷窑洞墙壁,狼皮上衣。
2 号,艾格,修小圆舟,绵羊皮上衣。
3 号,埃格,拜访岳母,山羊皮上衣。
4 号,奥格,钓鱼,小牛皮上衣。

水中的倒影

在河北的一个小镇,一条小河从西向东流过小镇。在一个月圆之夜,一桩谋杀案打破了小镇的宁静,法医推算出案件应该发生在晚上 10 点左右,并很快找到了嫌疑犯,刑警立即对他进行了审问。

"昨晚 10 点左右你在哪儿?"

"在河边和我的女朋友聊天。"

"你坐在河哪边?"

"在北岸。昨晚是满月,河面上映出的月亮真的很好看!"

"你在说谎!这么说,罪犯肯定就是你!"

请问,刑警的根据是什么呢?

嫌犯说是在西东流向的河北岸坐着,即他是面朝南的。在北纬29°线以北,可以看到月球和太阳一样在天空的北部东升西落。如果他面朝南,是看不见月亮在河流中的倒影的。

谁偷了自行车

有个人骑着一辆自行车经过一个公共厕所,他停下车,用环形锁锁上了自行车后便进了公共厕所。

周围只有几个小男孩在玩。几分钟之后,这个人从公共厕所中出来,发现他的自行车不见了。

他坚信是那几个男孩中的某一个人偷走了自行车。于是他便四处找寻,最后在几千米外的地方找到了,可是令人困惑的是,自行车前轮上的环形锁仍然锁着。

那个偷他自行车男孩显然不可能把自行车扛到几公里外的地方。那么,他究竟是用什么办法擅自用他人的自行车兜了一大圈的呢?

 参考答案

那男孩趁这个人进入厕所的时候,在他自行车的前轮下面绑上了一只旱冰鞋。这样,即使前轮是锁着的,自行车仍能骑动,所以他把它骑到了几千米外的地方。可是他又怕骑回来被抓住,于是便解下前轮上的旱冰鞋,留下自行车溜走了。

最狡猾机智的沟通

过敏反应

有个女人死在了停在路旁的汽车中,车内有一只大蜜蜂在嗡嗡地飞着。

这是一只身上带有黄色花纹的阿尔巴斯蜜蜂,这个女人肯定是被毒蜜蜂蜇了额头才死掉的。但是,无论毒性多么强的蜜蜂,一个大活人只被蜇了一下,就会马上死掉吗?

实际上,这是个巧妙利用蜜蜂的杀人案件。

那么,罪犯使用了什么手段呢?

参考答案

罪犯利用的是过敏现象。人体有一种叫做过敏的奇特现象,如果将某种特殊的动物分泌液注射给人类,过后再用与此相同成分的物质注入体内,就会产生强烈的过敏反应,受刺激而死掉。

比如,给一个人注射鸭蛋的蛋清,起初并不会发生什么,但一周后如果再注射相同的蛋清,那个人就会当即死亡。罪犯就是应用了这种过敏现象杀人的,该罪犯应该是个医生。

采访富人

几位英格兰电视研究员在国外采访了 5 位男士,这 5 位以前都是伦敦人,都是偶然一夜暴富。根据下面的提示,请你说出每位男士现在的居住地、暴富的原因以及拥有的财产。

— **68** —

1. 其中一位靠抢劫银行发家并藏匿到了里约热内卢,伊恩·戈尔登比其个人资产多 10 万英镑,伊恩从他的叔叔那里继承了一大笔遗产,他叔叔的家人曾经认为他叔叔会死在亚马孙河丛林里,不过他却通过贩卖枪支和做许多违法的事情而致富。

2. 一个人无意中在他的花园里找到一幅旧油画,结果这幅油画是一位大师画的。最后这幅画卖了 70 万英镑,这个人不是莱昂内尔·马克,马克不是在百慕大群岛定居。

3. 其中一位很早就创办了自己的工厂,工厂倒闭后被他卖给了一家跨国公司,这家公司铲平了地基,然后在这里建起了他们的新总部,这个人最

后得到的钱比肖恩·坦纳多。

4. 在塞舌尔岛屿上有一笔不动产的是艾德里安·巴克,事实上这笔不动产就是塞舌尔群岛中的一座。

5. 现在住在新奥尔良的那位从他自称的"小运气"中得到了50万英镑。

6. 菲利普·兰德和英格兰调查员分享了兴奋感觉,因为他发了一笔80万英镑的横财,但不住在帕果—帕果。

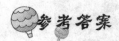参考答案

通过线索6,我们知道菲利普·兰德得到了80万英镑,再由线索2,发现一幅旧油画的人得到70万英镑。根据线索1,里约热内卢的银行抢劫犯得到的钱不是60万英镑、70万英镑或90万英镑;在新奥尔良的人得到了50万英镑(线索5),因此抢劫银行的人得到了80万英镑,他是菲利普·兰德。叔叔的继承人伊恩·戈尔登得到了90万英镑。卖自己公司的人得到的不是50万英镑(线索3),因此排除其他可能后,我们知道他得到了60万英镑,得到50万英镑并住在新奥尔良的那个人中了彩票。线索3得出,他是肖恩·坦纳。发现油画的人不是莱昂内尔·马克(线索2),所以他一定是住在塞舌尔的艾德里安·巴克(线索4)。现在排除其他可能后,我们知道卖公司的那个人是莱昂内尔·马克,而他家不在百慕大群岛(线索2),而在帕果—帕果,伊恩·戈尔登住在百慕大群岛。

真相大白

伊恩·戈尔登,百慕大群岛,继承叔叔遗产,90万英镑。

莱昂内尔·马克,帕果一帕果,卖公司,60万英镑。

艾德里安·巴克,塞舌尔,发现油画,70万英镑。

菲利普·兰德,里约热内卢,抢劫银行,80万英镑。

肖恩·坦纳,新奥尔良,中彩票,50万英镑。

午夜的凶杀案

一天晚上,邻居们听到一声悲惨的尖叫声。早上醒来的时候才发现原来昨晚有人被杀了。负责调查的警察向邻居们调查了案件发生的精确时间。一位邻居说是晚上12：08,另一位老太太说是晚上11：40,马路对面杂货店的老板说他清楚地记得是晚上12：15,还有一位绅士说是晚上11：53。但这4个人的表都不太准确,在这些手表里面,一个慢了25分钟,一个快了10分钟,还有一个快了3分钟,最后一个慢了12分钟。聪明的你能帮警察确定作案时间吗?

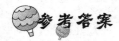 参考答案

这是一个看起来复杂但其实非常简单的问题。作案时间是晚上12：05。计算方法很容易,从最快的手表是(12：15)中减去最快的时间(10分钟)就对了。或者把最慢的手表(11：40)加上最慢的时间(25分钟)也可以算出相同的答案。

在分析这类问题的时候,最重要是找到解决的思路,把看似非常复杂的问题分解成简单的部分来处理。

能不能聚会

3个多年不见的朋友王丽、李铭、白风终于住在了同一个城市,他们约定每个月聚会一次。第一次聚会的日子就要到了,可是三个人都有一个特殊的习惯。现在正是夏天,阴天、下雨都是很常见的天气。王丽在雨天时

从不出门,阴天或晴天倒还好说;李铭性格更古怪,他喜欢阴天或雨天,天一放晴就不愿离开家;而白风不喜欢阴天,只有晴天或者雨天出门。如果不知道聚会那天的天气,假设聚会那天的天气情况一直不变,请你推理一下,他们可以聚会吗?应该怎么聚会呢?

参考答案

3种天气情况,每一种天气都会有人不愿意出门,那聚会看起来就是不可能实现的了。但并没有规定聚会必须都离开各自的家,也就是说在某个人的家里也能够聚会。如果是雨天,李铭和白风就到王丽家;若是阴天,王丽和李铭到白风家;晴天,王丽和白风可以到李铭家。

金链该如何切

丽丽想在旅馆租用一间房间,租期为一周。服务员告诉丽丽说:"房费每天20美元,要付现钱。"然而丽丽手头上现在没有那么多的钱,要到一周后才会有钱,于是丽丽想到了自己戴的金链子,就问那服务员:"我有一根金链,共7节,每节都值20美元以上。您看能够抵做房钱吗?"服务员答应了。

接着丽丽又想起了什么,说道:"我得请珠宝匠把金链割断,每天给你一节。等到周末我有了现钱再把金链赎回来。"善良的服务员也同意了。现在,丽丽必须找到断开金链的方法。丽丽知道,珠宝匠是根据他所切割及以后重新连线的节数来索价的,所以应该找到一种最经济的切割要领。

请问,金链需要切割多少节才是最经济的方法?

只要割开两节。把金链裁开后分别变成 1 节、2 节、4 节这样三段，然后就能用换进换出的方法每天付给服务员一节作为房费了。

扮演警察的明星

很受欢迎的警察系列剧《警察队》中的 5 名明星将在下个月底退出。请你根据下面的提示，找出每位演员所扮演角色的名字、加入该部电视剧的时间以及他们在剧中的角色是以什么理由结束演出的。

1. 警察队中最爱开玩笑的人是吉恩杰·马洛警察，他不是在 1998 年 5 月加盟该部电视剧的拍摄。

2. 道恩·塞尔拜在该部电视剧中的首次露面比那位扮演被银行抢劫犯枪杀的演员早一年，后者不是 5 位中最晚加入该部电视剧的演员。

3. 1999 年 3 月 3 日播放的一段片花中首次出镜的那个角色不是由贝利·佩奇所扮演，他将退出第一部的拍摄，转而参演第二部并演的是一名侦探。

4. 约翰·维茨所扮演的粗暴狡猾的检察员名为斯耐克·维姆斯。

5. 莫娜·杨在戏中的角色不是芬警察，该角色最后从斯楣·雷恩警察局调到伦敦另一边的尼克警察局。

6. 扮演乌尔夫警官的演员是在 1997 年 10 月加入拍摄的。

7. 1998 年 7 月首次出镜的格兰·泰勒扮演的不是坎普恩警察——因为收取当地一位腐败政员的贿赂而被监禁。

最後猾機智的溝通

 参考答案

　　通过线索 7,我们已知格兰·泰勒在 1998 年 7 月加入。再由线索 3,我们知道 1999 年 3 月加入并扮演要辞职角色的演员不是贝利·佩奇,也不是扮演要被调走的莫娜·杨(线索 5)。根据线索 2,他不是道恩·塞尔拜,由此得出他是扮演检察员维姆斯的约翰·维茨(线索 4)。我们知道扮演被枪杀的演员不在 1999 年 3 月加入,而线索 2 排除了 1999 年 8 月,根据同一个线索,所以他(她)肯定是在 1998 年加入,而道恩·塞尔拜在 1997 年 10

月加入。然后根据线索6,道恩扮演的是乌尔夫。而我们知道她不是被调走或枪杀或辞职,坎普恩警察被监禁(线索7),所以推断是斯格特·乌尔夫将退休。我们现在已经知道3个角色离开的原因,而1998年7月加入的格兰·泰勒扮演的角色没有被监禁(线索7),那么她一定被枪杀。通过排除其他可能后,我们知道贝利·佩奇扮演了被监禁的坎普恩警察。莫娜·杨的角色不是芬警察(线索5),而是马洛警察。因此她不是在1998年5月加入(线索1),而是在1999年8月,剩下贝利·佩奇的加入时间是1998年5月。再由排除法得芬警察就是格兰·泰勒扮演的被枪杀的角色。

真相大白

道恩·塞尔拜,乌尔夫警官,1997年10月,退休。

格兰·泰勒,芬警察,1998年7月,被枪杀。

贝利·佩奇,坎普恩警察,1998年5月,被监禁。

约翰·维茨,维姆斯检察员,1999年3月,辞职。

莫娜·杨,马洛警察,1999年8月,调走。

死 鸭 子

马戏团的驯兽师把几只稀有种类的鸭子,用船从美洲运往欧洲。轮船在大西洋航行了好几天。有一天,驯兽师发现那几只鸭子的羽毛不知为什么变得黑糊糊的,有的已经粘在一起,非常脏了。于是乎,他弄来了一只又大又深的木桶,灌上了水,把鸭子放了进去,让它们自己洗澡。驯兽师突然有事就走开了。

然而一个多小时之后,驯兽师回到木桶边时,他吃惊地发现水桶里的鸭子都沉到了水底,淹死了。水桶非常大,鸭子在里面完全可以施展开,怎么会淹死了呢?

你能帮驯兽师解开这个谜团吗?

参考答案

　　驯兽师的这几只稀有鸭子,羽毛非常脏,并且有的已经粘在一起,羽毛上的油脂已不起作用了,这么一来,羽毛就会被水完全浸湿,鸭子就会沉底淹死。鸭子当然会游泳,因为它的羽毛根不怕水。在鸭子的尾部有个尾脂腺,能不断地分泌出脂肪,鸭子经常回头,将头贴在尾部,在羽毛上擦来擦去,就是在用头把这些脂肪涂在羽毛上。这样脂肪就会把水和羽毛分隔开,所以鸭子的羽毛不会被水浸湿。

洗 车 工

　　为了赚点钱,比尔和他的两个朋友约定每个人清洗一辆邻居的车。通过下面的提示,你能推断出他们各自为谁洗车、车的品牌及颜色吗?

　　1. 比尔清洗一辆红色的车,但不是福特车。

　　2. 蓝色的车是派恩先生的。

　　3. 在他们所洗的几辆车中有一辆是黄色的普乔特。

　　4. 斯蒂尔先生的车是罗里清洗了但不是沃克斯豪。

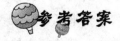参考答案

　　由线索3,我们知道由于那辆普乔特是黄色的,再由线索1,我们又得知比尔清洗的红车不是福特车,因此得出红车是沃克斯豪,而福特车是蓝色的并属于派恩先生(线索2)。我们现在知道比尔清洗的是沃克斯豪,派恩先生的车是福特,罗里清洗的斯蒂尔先生的车(线索4)一定是黄色的普乔特。剩下卢克清洗的车是派恩先生的福特,再由排除法,我们知道比尔清

洗的红色的沃克斯豪是科顿先生的。

真相大白

比尔,科顿先生,沃克斯豪,红色。

罗里,斯蒂尔先生,普乔特,黄色。

卢克,派恩先生,福特,蓝色。

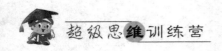

手枪在哪

B 是十分喜欢恶作剧的人。有一天,他死在一座积雪有 5 厘米厚的桥中央。死亡的时间约是晚上 9 点钟,实际上,他是自己用手枪自杀的。

不可思议的是,桥上也只能看到 B 的足迹,尸体旁边没有手枪,手枪不可能被人拿走。

不过,不知道是什么原因,大桥的栏杆有一处积雪少了一处。但 B 在举枪自尽后,肯定会立即死亡,不可能由此处把枪扔到桥下。

那么,B 是怎么把枪藏起来,藏到哪里去了?

参考答案

原来,B 先将绳子的一端系在一块比手枪重的石块上,再把石块吊在桥的栏杆下,另一端系在手枪上。

这么一来,手枪一离开自杀者的手之后,因为石块的重量把它拉到桥下的河里。栏杆上的积雪之所以少一处,就是被绳子和手枪碰掉的。

肇事车号

一天早上,在 A 省的 320 国道上发生一起车祸。一辆超速行驶的汽车把一名小学生撞得在空中翻了半圈,司机紧急刹车之后,停了下来,又加速逃走了。

刚好路过的警察看到了这起交通事故,警察扶起那名小学生。可这名小学生没有受伤,而且他非常清楚地告诉警察,逃逸车辆的车号是:

"8619。"

警方立即对这辆车开始调查,要逮捕肇事者,却发现这个号码的汽车确有不在场的证明。于是案情又陷入了僵局。

肇事后逃走的汽车车号是多少呢?

肇事汽车的车号应该是6198。

被车撞了的小学生,由于被弹在半空中,所以看到的车牌号码是上下颠倒的。

滑雪高手

间谍 D 窃取 Y 国情报后逃到高山上一座别墅里,Y 国的警察包围了整栋别墅,间谍 D 已经逃出了别墅。

在斜坡上可以清晰地见到滑雪板的痕迹,所以他似乎是穿着滑雪板逃走的。奇怪的是,这个痕迹一直通到面临深谷的悬崖边才不见了,而深谷中又没有 D 的尸体。这是 100 多米高的断崖绝壁,不管他能耐多大,也不可能逃脱的。

但事后据可靠情报得知间谍 D 确实是滑着雪橇从山谷逃走的。

请问你知道他是怎么逃走的吗?

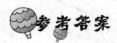

因为间谍 D 用降落伞。等他滑到悬崖时,直接向前跳下去,背上的降落伞便打开了,于是他顺利地降落到谷底。

最狡猾机智的沟通

年轻女性的工作

有 3 位年轻的女性刚刚到新世纪购物中心的几个店面打工。请根据下面的提示，请你推断出雇用她们的商店的名字、类型以及她们各自开始工作的具体时间。

1. 安·贝尔比和在面包店工作的女孩稍早一些找到工作，那家面包店不叫罗帕。

2. 艾玛·发不是8月份开始在万斯店工作。

3. 在零售店工作的不是卡罗尔·戴。

4. 其中一个女孩不是从9月份开始在赫尔拜的化学药品店工作。

 **参考答案**

通过线索4，我们知道由于赫尔拜店是家化学药品店，再由线索1，我们得知面包店不是罗帕店，因此一定是万斯店，而罗帕店是家零售店。这家店没有雇用卡罗尔·戴(线索3)或艾玛·发，因为后者在面包店工作(线索2)，所以他们雇用的是安·贝尔，而卡罗尔·戴在赫尔拜化学药品店工作，通过线索4，我们知道她的工作不是9月份开始的，艾玛·发也不是在9月份开始工作(线索1)，所以我们知道了9月份开始工作的一定是安·贝尔。艾玛·发开始工作的时间不是8月份(线索2)，而是7月份，而卡罗尔·戴开始工作的时间是8月份。

真相大白

安·贝尔，罗帕店，零售店，9月份。

艾玛·发，万斯店，面包店，7月份。

卡罗尔·戴，赫尔拜店，化学药品店，8月份。

间谍的头发

琼斯先生是个头发半白、唇上蓄着胡须、穿着高档合身西服的中年绅士。他是B国的间谍，经常出入A国窃取机密情报。A国反间谍机构通过内线掌握了琼斯的真实身份，当琼斯再一次来A国取了份导弹分布图后欲离境时，把他逮捕了。可是A国反间谍机构的特工在全面检查了琼斯全身和所带物品后，又没有证据来证明他从事间谍活动，只是琼斯秃头上的假

发有点儿惹眼,X 光和红外线检查都显示出那个假头发只是为了掩饰秃顶而已。但 A 国反间谍人员戴恩却对琼斯的黑白假发产生了怀疑,为什么琼斯不配全黑假发而要戴黑白斑驳的假发呢? 戴恩突然明白,对手下说:"把理发师叫来!"

你知道戴恩为什么要请理发师来吗?

参考答案

戴恩叫理发师来是为了把假发的长头发全部剃光。剃光之后就可以看出黑发和白发的分布所构成的图形,就是 A 国导弹的分布图,一撮小黑发就是导弹部署的地点。

别墅绑架案

温克小姐正在自己的别墅里看电视。突然,一阵风刮了进来。温克小姐抬头一看,阳台门开了,随着又闪进一个人来,温克小姐尖叫了一声,吓得跌坐在地上。

"不许喊,再喊杀了你!"来人说着话,反手将阳台门带上了。他一步步走向温克,温克畏惧地向后挪动着身子。

来人坐在温克旁边说道:"别害怕,姑娘,只要不给我添麻烦,我不会伤害你的。"

温克小姐这时才看清了来人的相貌:二十七八岁,身穿一套黑色影条西装,上面沾满了血污。这不正是刚才电视里播送的通告中,所说的那个抢劫杀人犯吗? 温克用手捂住了双眼,心想,今天是没救了。

歹徒站起来,关上了所有门窗,并在柜子里拿了瓶红酒,才又坐回到温克的身边。

"你太年轻,太漂亮了,怎么一个人待在家里?"歹徒已经不像刚进屋时那么紧张了,狎昵地望着温克小姐说道。

温克小姐被吓得浑身颤抖,脸色发白。

"有钱吗? 越多越好。"歹徒又贪婪地说道。

温克小姐摇了摇头。

"那值钱的首饰总有吧?"

温克小姐这才嗫嚅地小声说道:"我手上戴的这颗宝石戒指,是妈妈临死时留给我的,请您……"

歹徒边从温克小姐手上把宝石戒指捋了下来边说道:"少废话,我管你那些!"

突然,外面传来了刺耳的警车声。很快,有人敲响了房门。歹徒惊恐万状,握紧手枪,注视着门口。

敲门声越来越紧,歹徒压低声音对温克小姐说:"告诉他们说你睡觉了,有什么事明天再来。"

歹徒用枪顶着温克小姐的后背来到门前。

温克小姐边走边思索着,走到门口用颤抖的声音问道:"谁呀?"

外面的人回答说:"温克小姐,我是刑警斯库尔,请问您这里有可疑的人出没吗?"

"当然没有。"温克小姐尽量用平稳的语调说道:"我丈夫刚从华盛顿演出回来,您托他买的东西买到了。可是斯库尔先生,我丈夫已经睡了,您明天再来找他好吗?"

"太感谢了,明天一定来看我的老朋友! 不打扰了,小姐晚安。"说完外面的人走了。

"还真会演戏,不愧是演员!"歹徒高兴地抓起酒瓶子,"咕嘟、咕嘟"地喝了起来。

就在这时,阳台的门被人"通"地踹开了,刑警斯库尔端着枪冲进屋内"放下武器,举起手来!"

最狡猾机智的沟通

歹徒只得举起双手,被斯库尔铐上了手铐。

刑警斯库尔是怎么知道歹徒就在温克小姐房间里的呢?

参考答案

当斯库尔听温克小姐说自己的丈夫从华盛顿刚刚演出回来时,他很是诧异,温克小姐没有结婚啊,怎么会有丈夫? 但是他很快明白了,一定是温克小姐用这句话来暗示她家里来了一个男人,推断出就是那个杀人凶犯。

火车旅行

火车从特洛斯坦特出发驶向哈格施姆,途中经过的 4 条河流各自有一座极富特色的桥。请你根据下面的提示,找出地图上每座桥的名字、类型及其所跨河流的名字。

1. 我们花费了 90 分钟跨过了托福汉姆桥,之后就来到了波罗特河上的吊桥。

2. 第 2 条河横穿斯杰普生德桥。

3. 大石拱桥离哈格施姆比横跨戴斯尔河的那座桥离哈格施姆的距离远。

4. 我们在到达科玛河前,穿过了悬臂式建筑维斯吉格桥(因为它建在维斯吉格)。

5. 大摆桥在地图上的标示是偶数,如果有船经过的话,它中间能打开。

桥名:埃斯博格,斯杰普生德,托福汉姆,维斯吉格

河名:科玛,戴斯尔,波罗特,斯沃伦

桥的类型:拱桥,悬臂桥,吊桥,摆桥

提示:关键在于第 4 座桥的名字。

参考答案

通过线索 2,知道斯杰普生德桥是第 2 号桥。再由线索 1,得知 4 号桥不是托福汉姆桥或悬臂建筑维斯吉格桥(线索 4),那么一定是埃斯博格桥。第 1 条河不是被吊桥横跨的波罗特(线索 1),也不是科玛河(线索 4)或戴斯尔河(线索 3),因此一定是斯沃伦河。我们现在知道托福汉姆桥和维斯吉格桥是 1 号或 3 号桥,那么波罗特河(线索 1)和科玛河(线索 4)不

可能是 3 号河,再由排除法,我们得出第 3 条河是戴斯尔,而它上面的桥不是拱桥(线索 3),也不是摆桥(线索 5)或吊桥,而是悬臂桥维斯吉格。根据线索 4,科玛是被埃斯博格横跨的第 4 条河。排除其他可能后,我们知道第 1 条河斯沃伦被托福汉姆横跨,线索 1 得出,在波罗特河上的吊桥就是 2 号桥斯杰普生德。

再由线索 1 和 5,1 号桥托福汉姆是座拱桥,而 4 号桥埃斯博格在科玛河上,并且是座摆桥。

真相大白

1 号桥,托福汉姆桥,斯沃伦河,拱桥。

2 号桥,斯杰普生德桥,波罗特河,吊桥。

3 号桥,维斯吉格桥,戴斯尔河,悬臂桥。

4 号桥,埃斯博格桥,科玛河,摆桥。

机器人竞赛

由几位教育界权威组织举办了一场机器人竞赛,机器人都是由乡村学校制造的。

通过下面的提示,你能说出前 5 名机器人的名字、制造学校及其所在城镇吗?

特别提示

1. 获得第 1 名的机器人叫马文,电视展(和一个收音机展以及一些书展)中他在一个机器人后面。

由豪格特学校的学生制造的机器人得了第 5 名,不过他觉得有 40 多名对手,所以第 5 名还不是很差,那个能按照预先设计的行走轨迹前进的叫罗伯凯特的机器人不是它。

2. 亭·莉齐由希拉里学校的学生设计并制造,查尔科洛镇的学校的机器人最终名次排在乔科塞罗斯(它的形状像恐龙并由舢板制造)的前面,而在格林费德学校制造的机器人前面。

3.获得第4名的机器人由格立特福特的一所学校制造。

4.在福林特维尔镇制造的机器人没有获得第3名。

5.埃塞穆博士是山蒂布瑞镇的基尔·希尔学校的优秀教师,他对机器人制造很热心,并给了他的学生很多鼓励。

6.安·安德是马特恩镇的学生所设计的机器人,采用模糊控制。

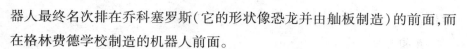 **参考答案**

通过线索1,由于豪格特学校的得第5名的机器人不是得第1名的马文,不是罗伯凯特,不是由希拉里学校制造的亭·莉齐或乔科塞罗斯(线索2),所以我们推断一定是安·安德。豪格特学校在马特恩镇(线索6)。再由线索2,我们知道来自查尔科洛镇的学校的机器人的名次在格林费德学校的机器人的前两位,所以前者不可能是第3名,而福林特维尔的机器人也没有得第3名(线索4)。

由格立特福特的一所学校制造的机器人是第4名(线索3),所以我们知道第3名一定来自山蒂布瑞的基尔·希尔学校(线索5)。我们现在已经知道第1名的马文不是由豪格特学校、希拉里学校或基尔·希尔学校制造。

由线索2,我们知道不是格林费德学校,所以他只能是由帕瑞尔·帕克学校制造。格林费德学校的机器人不是第2名(线索2),那么它一定是第4名,而格林费德学校是在格立特福特。排除其他可能后,我们知道第2名机器人是希拉里学校的亭·莉齐。根据线索2,第3名是乔科塞罗斯,而希拉里学校在查尔科洛镇。

通过排除其他可能后,我们推断第1名马文所在的帕瑞尔·帕克学校在福林特维尔,而第4名机器人罗伯凯特来自格立特福特的格林费德学校。

真相大白

第1名,马文,帕瑞尔·帕克学校,福林特维尔。

第2名,亭·莉齐,希拉里学校,查尔科洛。

第3名,乔科塞罗斯,基尔·希尔学校,山蒂布瑞。

第4名,罗伯凯特,格林费德学校,格立特福特。

第5名,安·安德,豪格特学校,马特恩。

第三章　玩转思维细节

小侦探詹姆斯

英国伦敦有个名叫勒布朗·詹姆斯的少年。他父亲是这个城里的警察局长。小詹姆斯从小聪慧过人,受父亲的影响,他对破案有特殊的兴趣。伦敦是大城市,经常有犯罪案件发生,不过有了办事认真的警察局长,这里的罪犯很少能逃脱法网。使人惊奇的是,詹姆斯局长经常得到他儿子勒布朗的帮助,所以人们称勒布朗为小侦探。

一天晚上,全家正在吃晚饭的时候,詹姆斯局长对儿子勒布朗说:"在逃犯纳达尔又作案了,他抢劫了狄更斯和巴蒂尔合股开设的西服店。"

关于在逃犯纳达尔的情况,小侦探勒布朗是知道一些的。纳达尔自从监狱逃出后,一个月内作了5次案,不过都是在农村和公路上作的案,想不到这次竟在城里作起案来。勒布朗因为有疑问,所以问道:"爸爸,你怎么知道那抢劫西服店的强盗就是纳达尔呢?"

父亲说:"那是西服店的合伙老板之一狄更斯提供的情况。"说着,他拿出了一本笔记本念着狄更斯原话的笔录:"当时店里只有我一个人,突然有个男人闯进来喝道:'举起手来!'我吃了一惊,急忙抬头一看,站在我面前的正是在逃犯纳达尔。他身穿灰大衣,后面束着皮带,和报纸上登载的完

全一样。纳达尔命令我脸朝墙壁,在他的威胁之下,我只好听从他的话。等我回过头来时,他已经溜掉了,店里的钱财被他抢劫一空。"

小侦探勒布朗听完了笔录,问道:"爸爸,报上登载过纳达尔的照片吗?"

"登过,不过相貌不是很清楚,主要的特征就是灰色的大衣和背后束着皮带,这是众人皆知的。"

勒布朗说:"这个案件很容易解决。"

詹姆斯局长惊讶地问:"现在连纳达尔的踪影都不知道,怎么就可以这样破案了呢?"

勒布朗说:"我是说狄更斯的西服店根本没来过什么强盗。"

"噢——"詹姆斯局长经儿子提醒,似乎也在思索这个问题,"那你认为狄更斯在撒谎了? 对此,你怎么能确定呢?"

案件查清后,证实了小侦探的推测,原来狄更斯想吞占店里的公款,又不想让他的合伙人知道,所以把自己的罪过推到强盗身上。在逃犯纳达尔一个月里作了 5 次案,狄更斯认为他最适合做自己的替罪羊。

你知道勒布朗是如何判断的吗?

参考答案

按狄更斯介绍,强盗进门时,开始面对强盗,后来又面对墙壁,这就根本看不到强盗背后束着皮带,所以狄更斯在撒谎。

电视的错觉

市郊的池塘里发现了一具男尸,经过法医检验:死者在 30 岁左右,身高约 1.73 米,身材较瘦。死亡时间应该在 15 小时以前(昨晚 7 点钟左右),死亡原因是窒息所致。死者死前曾喝过一些酒,是被人用绳子勒死之后扔进池塘里的。经过调查,死者是本地搬运队的木村拓哉。

松尔警长在池塘边检查尸体时,已经注意到了一处可疑的地方:那里的杂草被压倒一大片,周围有许多很深的脚印,警长一眼就看出那是一个人在负重行走时留下的,他说:"这里可能就是罪犯将尸体扔进池塘的地方。"他们顺着脚印走了一段路之后,又出现了一辆自行车的车轮印,而这时脚印消失了。

警察们顺着车轮印找到一户人家,敲开大门。那是一个单身男子的住处,茶几上放着几个空酒瓶,还有酒杯、烟头和一些空碗碟。

经过询问,松尔警长知道屋子的主人叫岛川太郎,他在昨晚7点一边喝酒,一边看转播的球赛,他的同事冈本在场。

松尔警长找到了冈本,问道:"请你回忆一下,昨天下班以后你去哪里了?"

冈本说:"昨天下班之后,我到一家小酒馆喝了一些酒。我走出酒馆时,遇上了同事岛川,他让我和他一起去他家再喝点儿酒。

"我本来不想去,但他对我说时间还早,一会儿还有一场球赛转播呢。我一听有球赛,就让他骑车带着我到他家去了。刚进门,他立刻打开了电视,球赛刚开始。"

"你知道球赛是几点开始的吗?"

"电视屏幕上的时间是19点。球赛结束,我就到女朋友美美那里了。"

"你到美美那里是什么时间?"

"我也记不清了,只觉得时间已经非常晚了。因为我本来在酒馆就喝多了,到岛川家又喝了不少,所以我喝醉了。"

"你能肯定你在岛川家就待了一场球赛的时间吗?"

"我肯定,我就待了一场球赛的时间。"

松尔警长回到办公室开始分析这个案子。从作案现场的脚印和车轮印来看,杀害木村拓哉的凶手就是岛川,但岛川没有作案时间,所以此案的推断不能成立。松尔警长把头靠在椅背上听着他与冈本谈话的录音。突然,他猛地站了起来说道:"来人,马上逮捕岛川。"

到底是怎么回事呢? 岛川不是没有作案时间吗?

参考答案

冈本看的球赛是岛川放的录像,他在冈本喝醉后在屏幕上显示 19 点,让冈本为其作伪证。其实,19 点时岛川已把木村拓哉杀了。

117 号房的死者

贝尔探长因为破获绑架案和罗丹图书馆的爱葛妮丝认识后,常到图书馆去找她借书。

这一天,图书馆闭馆以后,两人来到"皇家"饭店的酒吧间喝咖啡。忽然,身穿黑礼服的饭店夜班经理冲到他俩面前大叫道:"贝尔探长,您在这儿太好了! 117 号房间出了一桩凶杀案。死者是莎朗·里斯·爱玛太太。她是昨天晚上来登记住宿的。"

在 117 号房间,贝尔探长和爱葛妮丝小姐看到:一个身穿灰色睡袍的年轻女子四肢摊开,躺在床上,她长着满头红发,在靠近头发根部有一个弹孔,血浆已经凝固。这位太太已经死去多时了。

爱葛妮丝小姐也仔细打量起房间来。只见一个墙角边放置着几只看上去价格昂贵的粉红色手提箱,每只上面都烫印着金色字母"B. de. p"。壁橱的门敞开着,里面挂满了值钱的成套的华丽衣服:一套玫瑰红雪纺绸睡衣,一件猩红色羊毛外套,一套大红色礼服,一件连帽子的橙色雨衣,一件配有米色飘带的粉红色外衣。

爱葛妮丝小姐转身问了夜班经理:"昨天晚上,莎朗·里斯·爱玛太太来登记住宿时,您见到她了吗?"

经理说:"嗯,昨天晚上正下着大雨,她穿的的确是这件连帽雨衣,把脸遮住了一大半。

这些正是她带的行李没有错。对了,梳妆台上的钱包好像也是她的。"

贝尔翻了翻钱包,抽出一沓名片,上面都印着"B. de. p"几个字母,可钱包里却没有钱。爱葛妮丝小姐对探长说:"贝尔,我总觉得行李和壁橱里的衣服都不是床上那个女人的。被害人肯定不是莎朗·里斯·爱玛太太。"

"为什么呢?"贝尔微笑地问,他心里也有了底,不过他想考验一下面前这位图书管理员。

爱葛妮丝小姐说出了自己的理由。贝尔听了赞许地说:"你分析的和我所想的完全一样。"

几天以后,贝尔在另一个饭店抓获了莎朗·里斯·爱玛太太。原来,她是凶手。被害的姑娘一直受她操纵,为了灭口,她设下圈套把那姑娘杀死,又故意丢下全部行李,企图让警方误认为死者便是莎朗·里斯·爱玛太太。

你知道爱葛妮丝小姐看出了什么破绽,她是怎么分析的吗?

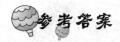 **参考答案**

死去的姑娘是红色头发,而壁橱里的衣服也是红的,从审美学上看,是不合理的。她判断死者不是莎朗·里斯·爱玛太太。

受害者的丈夫

名探哈莱金听到玛琳在她豪华的别墅里惨遭杀害马上赶到现场,并迅速检查了红色地毯上的尸体。尸检完毕后,哈莱金对警长说道:"她是被手

枪柄敲击头部而死的,她至少被敲了四五下。"警长莫纳汉点了点头同意了哈莱金的判断,然后他在尸体旁捡起了一支手枪。并小心翼翼地吹去上面的灰尘,以便提取指纹。

"我已经给她的丈夫佩奇打了电话。"警长说:"我只说他必须马上赶回家。我不喜欢向别人说这种不幸的事,待会你跟他说好吗?"

"好吧。"哈莱金答应着。就在救护车刚刚开走,惊慌失措的丈夫就心急火燎地闯进门来了。"怎么了,玛琳怎么了?"哈莱金说:"我不得不遗憾地告诉您,她在两小时之前被人杀害了。""是您的厨子在卧室中发现尸体并报警的。"

警长用手帕裹着枪走进来对哈莱金说:"我在这枪上找不到指纹。看来不得不送技术室处理了。"

　　佩奇脸上肌肉紧绷,紧盯着裹在手帕中的枪,显得异常激愤。他抓着警察的手说:"如果能找到那个敲死马琳的凶手,我愿出5万美元重酬。"

　　"省下你的钱吧,"哈莱金冷冰冰地插言道,"我找到凶手了!"

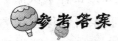 参考答案

　　杀人凶手就是佩奇。假如佩奇是无辜的,他就不可能知道他妻子是被敲死的。他应该以为是枪杀的。

盲人音乐家的赌局

　　艾比盖先生是个盲人音乐家,在歌剧院里担任第一小提琴手。可是在昨天晚上,他把心爱的小提琴输给了他的朋友阿尔达。他感到很委屈,也很后悔,所以打电话把这件事告诉了阿曼达局长。

　　阿曼达局长和艾比盖先生都是艾达维尔城的名人,经常在社交场上会面。对于艾比盖先生的求助,局长是决不会推诿的,所以准备前去登门拜访。阿曼达局长的儿子小侦探夏洛特钦慕这位音乐家已久,也想去见识一下这位名人。

　　父子两人来到一所华贵的别墅,由仆人将他们领进了一间书房。音乐家艾比盖先生已在那里等候了。

　　"说来真荒唐,"艾比盖先生叙述说,"昨晚我以小提琴和阿尔达先生打赌,我将装着冰块的杯子锁到这间屋子的保险箱里,请阿尔达走出屋去,他要在一个小时内将姜汁调换保险箱里的冰块。我把房门上了两重锁,觉得这事绝不能办到的,可是一个小时后,当我再从保险箱里取出杯子时,杯子

最狡猾机智的沟通

里装的居然是姜汁。我输了,心爱的小提琴只好归他所有,可是我怎么也弄不明白是怎么回事……"

父子俩认真地听着这位音乐家的叙述,觉得事情确实不可思议,阿曼达局长说道:"请把经过讲得详细些,特别是一些细节。"

艾比盖先生继续说:"有几点我必须强调的:第一,杯子里的冰块在放进保险箱时,我还用手摸了一下,确实是冰块。第二,一小时后,杯子从保险箱中出来时,我还尝了一下,确实是姜汁饮料。第三,我亲自锁保险箱门,一个小时内,我屏息静气,注意响声,什么声音也没听到,然而阿尔达居然成功了。"

小侦探夏洛特说:"恐怕你忘了最主要的一点,这次打赌是阿尔达提议的。"

"是的!"盲人音乐家说,"因为他对我的听觉表示怀疑,所以我就发了狠心,把心爱的小提琴作为赌注。"

阿曼达局长感到很为难,但他安慰音乐家说:"既然你同阿尔达先生是好朋友,我去同他说说,让他将小提琴还给你!"

"这是我的自尊心所不能够允许的。除非你能揭穿他在这次打赌中要了什么花招。"

阿曼达局长正犹豫时,小侦探夏洛特却发言了:"阿尔达先生在打赌中确实玩了花样……"

事后,阿曼达局长去找阿尔达。阿尔达承认了自己在打赌上玩了花样,其方法正如小侦探夏洛特所说的那样。他心甘情愿地将小提琴退还给盲人音乐家了。

你能揭穿阿尔达在这次打赌中玩了什么花样吗?

参考答案

阿尔达提出打赌,他是有备而来,事先准备了一个用姜汁冻成的冰块,放入了保险箱,一个小时之后冰块化成了姜汁饮料。

被劫持的飞机

一架夏威夷水陆两用飞机被一个来自加拿大的中年男子劫持了。劫机者劫持了这架可坐 4 人的飞机后,用枪打坏了发报机,使飞机与地面无法取得联系,并命令驾驶员夏洛特按他指示的方向往北飞。飞到海面上,那里有一艘潜水艇在接应他,他身上带着绝密情报。

劫机者站在夏洛特旁边,用望远镜观察着海面:"来得过早了……好,在潜水艇露出水面之前就在天上待命。再飞高一些,盘旋!"

"明白了。"夏洛特提高高度,盘旋飞行。同时心想:如果运气好能发现航行中的船,就可以下投发烟筒之类的东西,设法表示 SOS。但赶巧海上找不到一条渔船,天空中连一架飞机的影子也没有。此时,大海似乎突然起风了,平静的海面上掀起了白色巨浪。夏洛特则一直按照三角形的路线盘旋飞行。

"看见了,在那儿!"突然,劫机者兴奋地叫起来。眼下的海面上露出了一个像是巨鲸似的黑影,在碧波间划开一条白色的水纹,浮出一艘不明来历的潜水艇。

"在那艘潜水艇旁降落!"

"明白了。"夏洛特拉下油门杆,减小了动力,飞机开始下降。虽然紧贴海面下降,但夏洛特故意降落失败,从潜水艇的头上飞了过去,再次抬起了机头。潜水艇上穿着制服的人正在放橡皮筏。

"喂,你在干什么呢? 快点降落!"劫机者气急败坏地喊道。

夏洛特嚷道:"这又不是直升机,如果不看准风和浪的方向降落,飞机会翻的。外行人别插嘴! 快去穿上坐席下面的救生衣,赶上侧浪会弄翻飞机的!"让夏洛特这么一吓唬,劫机者赶忙穿上救生衣。夏洛特为争取时

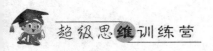

间,作大幅度盘旋。这次虽然顺利地降在水面上,但距潜水艇还有 200 米远时,他把发动机关了。

"干吗把发动机关了,再近一点儿!"

"你是打算在转移到橡皮筏前杀了我吧?"

"真抱歉,你倒是提醒了我。"劫机者用手枪顶住了夏洛特的后脑勺。

"扣扳机之前,你给我听好!"夏洛特沉着地反唇相讥。

这时候,天空有马达声传来。一架双引擎水上飞机正快速地朝这边飞过来。海面上的潜水艇慌忙开始下潜。夏洛特紧紧抓住了劫机者的手腕:"那是海军水上飞机,是接到我发出的求救信号,赶来这里救我的。"

没有发报机,他是怎样发出呼救信号的呢?

夏洛特盘旋时是按照三角形路线飞行,每两分钟就向左飞行划一道,这是航空求救信号,这样,基地的雷达会发现,会派出救生机。

小孙亮断案

孙亮是三国时吴国国君孙权的儿子。孙权死时,孙亮只有 10 岁,就做了国君。一天,园丁向国君献上一筐青梅,孙亮刚要吃,想到宫中库里有蜂蜜,就叫太监去拿。

那个太监知道宫廷里收藏的蜂蜜味道很好,也曾经向掌管内库的官吏要过,却遭到了那个官吏的拒绝,太监便怀恨在心,想报复他。他把蜂蜜拿出内库后,就在蜂蜜里放了几颗耗子屎。

太监献上蜂蜜后,孙亮把青梅在蜜中浸了一下,刚要吃,猛然发现蜂蜜中有耗子屎,气愤地下令把管理仓库的官吏押上来。

库吏被召到堂上。孙亮问他："刚才太监是从你手上拿的蜜吗？你司职仓库，竟让耗子屎泡在蜂蜜里，知道这是什么罪吗？"

库吏知道这是渎职罪，轻则丢官，重则坐牢，但他一直小心谨慎，存放蜂蜜时先检查有没有杂质，检查后才装进干净的坛子里密封起来，绝对不可能有耗子屎的，于是连连叩头，回答说："蜜是臣下交给他的，但是给他时并没有鼠屎。"

"胡说八道！"太监指着库吏鼻子，"耗子屎早就在蜜里了，你这可是欺君之罪！"

太监一口咬定就是库吏干的，库吏死不承认，说是太监放的。两人在堂上争执起来。

侍中官刁玄和张邠请求国君把他俩一同押进监狱，一同降罪。

孙亮摆摆手，环视众人，说："不用，要知道是谁做的，很容易办到。"接下来，孙亮命令卫兵把耗子屎捞出来，并当众剖开耗子屎。他仔细检查了剖成两半的耗子屎，然后，双眼一瞪，大声喝道："太监你找死吗？"

太监吓得全身哆嗦，连忙"扑通"一声跪下，磕头求饶，左右的人也感到十分吃惊。

审讯后，很快就发现了这事是太监在陷害管理仓库的官吏。

你知道孙亮是怎样证明的吗？

参考答案

剖开的耗子屎都只是外面沾着蜜汁，里面却是干燥的，说明耗子屎是刚放进蜜中，否则应该里外都是湿的。

列车抢劫案

在一天早上，国外某城市博物馆馆长办公室里的电话铃声不停地响着。刚打开门的杰克馆长拿起电话一听,原来是博物馆的文物管理员琼斯打来的。他在电话里慌乱地说:"出事了!今天凌晨,我们遇到了车匪,您让我和罗蒙押运回来的 4 件馆藏古董被劫走了!"

杰克馆长听完就跌坐在椅子上。

要知道,这 4 件古董可是异常珍贵的历史文物呀,如果落到文物贩子的手里可就糟了!

杰克馆长问琼斯:"现在在哪儿?"

琼斯说:"我在火车站站台边的值班岗亭,罗蒙还在车厢里。"

"我马上和斯文森探长过去,你们先离开那里。"

20 分钟后,杰克馆长和斯文森探长来到现场。琼斯将他俩带到了车厢里。

罗蒙一脸沮丧,狼狈不堪地蜷缩在车厢一角。斯文森探长看了看车厢后,开始听琼斯和罗蒙讲述凌晨被劫的经过。

琼斯说:"列车还有大约两个小时就要到站时,我忽然听见有人轻轻地敲隔壁车厢的门,过了一会儿又来敲我们这个车厢的门,我便起身去开门。"

斯文森探长问:"不知道是谁就把门打开了吗?"

"当时,我和罗蒙都刚刚醒来,还有点迷迷糊糊。我以为是列车员,根本就没有想到是劫匪。"琼斯回忆道:"我一打开车厢,京看到有 3 个蒙面人用枪指着我们,接着将我们捆在一起,随后把那只装古董的箱子拎起来,关上车厢的门就跑了。"

"我们拼命用脚踢车厢门,直到火车放慢速度准备进站时,才被人发现。"罗蒙在一旁插话说。

斯文森追问道:"他们逃走后,你们有叫喊吗?"

"我们当然叫喊求救了,可是,当时火车运行的声音太大了,没有人听见。"琼斯和罗蒙争先恐后地抢着说道。

斯文森对杰克馆长说:"我已经知道劫匪,你去把乘警叫来,就是他们俩和三个蒙面人串通一气,制造了这起列车抢劫案。"

琼斯和罗蒙大叫冤枉。可是，等斯文森说出一番话后，他俩便哑口无言了。

请问斯文森探长是怎么知道他们和劫匪是一伙的？

参考答案

他俩说自己呼救和用脚踢门的声音因为火车行进时的声音太大，没有人能听得见，那为什么琼斯却听见了隔壁车厢轻轻的敲门声呢？所以说琼斯和罗蒙在说谎。

谁的烟管

王璟和夏目是居住在黄河岸边某县的邻居,一天,为了一根旱烟管争吵到县衙。夏目说:"这烟管是我花重金购买的,是我心爱之物。"

王璟说:"这烟管是我父亲留下的,我已经用了20多年了。"

县令王义夫听完他们的陈述后,叫衙役将这烟管呈上来。烟管有一尺多长,杆是木质的,烟杆的上端刻有"癸未仲夏"4字,烟斗和烟嘴都是铜的,烟斗的磨损不大,烟斗和烟嘴上没有什么污秽,擦得很光亮。

看完后,他问王、柳二人:"这烟管值多少钱?为何吵闹不休?"

夏目说:"这烟管是我花5两纹银买的,虽不是很好看,却是我心爱之物。现今仍值5两银子。"

王璟说:"这烟管其本身不值3钱银两,但是我父亲留下的,已使用了20多年,烟杆用有毒的黄藤做成,用这管烟袋装烟可以克毒,所以,就算10两银子也不卖。昨天夏目来我家抽烟拿走了,今日我向他讨还,他却说是用5两银子买的。"

王知县听完他们的申诉后,独自深思,心想:今年是庚戌年,"癸未仲夏"至今也有20多年了。

他想到这儿,连忙拿起这烟管对堂下王、柳两人说:"这烟管确实不错,制作精细,取材黄藤。根据你们两人所述,都无证据,这叫我断给谁都不公平。现在本县就按你们二人所述的价格之和15两纹银买下。但你们都喜爱这烟管,今天本县就让你们在堂上各抽3袋烟,抽完后,你们各取一半银子回去。"

两人抽完烟后,王知县即断定夏目是强拿别人烟管的人。请问,这是什么道理呢?

王知县看着他们各抽完 3 袋烟后，便大声喝道："大胆夏目，胆敢拿别人烟管。这烟管上刻有'癸未仲夏'，癸未年至今年庚戌年已 27 年，烟斗上并无大的磨损。你抽 3 袋烟时，吹不出烟灰，连续在地上重打。照此抽法，这烟斗早已无存了。王璟抽烟吹不出烟灰，用头上之发簪挑出，可见他对烟斗之爱护。据此，烟斗之主必是王璟无疑。夏目，还不从实招来？"

夏目被问得哑口无言，只得供认了自己的罪行。

赵景审案

一天，"铁判官"赵景审理完一桩偷窃案刚要退堂，一个商人前来告状。

赵景仔细打量来人，见是个白面黑须、衣冠整齐的中年人，便问："你有何事？"

"回禀大老爷，小人吴继生，在城南关开布店。去年，开木匠铺的邻居陈七因手头拮据，曾到本店借钱，说好半年还清。可我今天找他讨取，不想陈七拒不承认，望大老爷明察，替小人追回银两呀。"

"你借给了他多少银两？"

"300 两银子呢。"

"借据在吗？"

"在这儿呢。"吴继生从怀里掏出一纸呈上。

赵景接过一看，见借据写得明明白白，而且还有两个中间人的签名。赵景抬头问："中间人李不凡和宝善成可在？"

"我把他们请来了，现就在门外。"

赵景唤过差人："传证人和木匠铺的陈七到案。"

不一会儿,三人都被带到堂上。

赵景问:"陈七,你向吴继生借钱。可有此事?"

陈七说:"绝无此事!"

"这张借据上的签名可是你写的?"赵景朝他举起那张借据。

陈七道:"根本就无借贷之事。我哪里会签名?"

"来人,笔墨伺候,命你写上自己的姓名。"赵景说。

陈七写好自己的名字呈上。赵景将借据拿起一对,两个签名分毫不差。赵景很诧异,心想:莫非借据是真的? 他这么痛快写字签名,岂不等于在证明自己犯罪吗?

忽然,赵景心里一愣,想出了一个办法,马上就破了案。

请问,他想了什么办法呢?

 **参考答案**

赵景吩咐差役将纸笔分给原告吴继生、证人李不凡和宝善成,说:"你们3人分开站好,陈七借钱时间是上午还是下午或是晚上,写在纸上,不可交头接耳!"

这一下,吴、李、宝愕然失色,拿着纸不知如何下笔。片刻之后。吴、李、宝沉不住气了,纷纷跪下磕头认罪。

原来,吴、李、宝三人嫉恨陈七买卖兴隆。于是设计坑害他。由李不凡仿照陈七的手笔,在一张假借据上署了名。不想"铁判官"智胜一筹,用计在公堂上揪住了狐狸的尾巴。

1500 两白银

一天,县衙门来了一老一小两个人,老的告小的忘恩负义,小的告老的背信弃义。小的叫吴贵福，老的名周宝龙。

吴贵福幼年丧亲，从小在宝龙家寄养长大。不久前，吴贵福提出另立门户，自谋生计，并向宝龙索取当年父亲托其保管之银。而宝龙矢口否认有这件事，故互相争吵着来到县衙。

吴贵福说："县太爷，父亲死那年，我已有 6 岁，虽年幼但已懂事。我清楚地记得，先父临终之前，取出白银 2500 两交付给周伯父，并当面讲清，1000 两作为我的养育之费，还有 1500 两托伯父代我保管，等我长大以后，给我自谋生计。我今年已有 18 岁了，理应自立，故而向伯父讨取，想不到周伯父竟一口否认，请老爷公断。"

宝龙马上说："县太爷，我与他父亲情同手足，他父亲临终时只留下一间破屋和一个孤儿，为不负朋友之托，我卖掉破屋为他安葬，并历尽艰辛，将吴贵福抚养成人。想不到今天他养育之恩不报，却反咬一口，请县太爷明察。"

吴贵福说得头头是道，但无真凭实据；宝龙的话合情合理，但无旁证可依。这案怎么断？这时，旁边的师爷想了个办法，很快就弄清了事实，作出了正确判断。

师爷想的是什么办法？

参考答案

县令惊堂木一拍，大喝了一声："宝龙，我看你一脸奸相，一定是你见吴贵福软弱可欺，想贪吞这笔钱财。看来你是不打不招啊，来人呀，给我打！"

左右衙役一拥而上，把个宝龙老头吓得瑟瑟发抖，未打几下，已呻吟不已，跪在一边的吴贵福见了大声叫起来："大老爷，别打，是我忘恩负义的，空口无凭说他勒索钱财……"

县令一听，大发雷霆："好呀，你丫挺的，臭小子无事生非，戏弄本官！来呀，换打吴贵福，给我狠狠地打！"

差役们按倒吴贵福，棍棒齐下。此时，宝龙在一旁痛哭起来："大老爷，别打了，都是我错，大老爷息怒。吴贵福的父亲临终时确留有白银，我想吴贵福当初年幼，又无凭据，存心贪吞这笔钱财。刚才我在挨打之时，吴贵福自愿承担诬告之罪，我受良心谴责。他有情，我岂能无义，确实是我的错啊！"

枪杀案

著名的牙医伊曼纽尔医生一次正准备为病人唐纳德的右下齿取齿模时，忽然诊所的后门被悄悄地打开了，出现了一只戴着手套、握着手枪的手。枪手枪杀了唐纳德。

警官吉恩一小时后这样对朗波侦探说："我们已经找到了一名嫌疑人。电梯管理员在枪击发生前不久，带了一位紧张的男人上了15楼——伊曼纽尔医生便是在这层楼5间诊所中的一间执业。据说这个男人很像是加百列。"

"加百列现在是在假释期间，"警官继续说，"我在他的公寓里逮到了他。我想审问他在假释期间所犯的任何一件小过错。"

加百列被带了进来，他生气地问道："这是干什么？"

警官问他："你最近见过伊曼纽尔医生吗？"

"没见过。"

"唐纳德不到两个小时前在伊曼纽尔医生的诊所里被人用枪打死了。"

"我那会儿在睡觉。"

"一名电梯管理员说他在枪击发生前不久，带了一个人上15楼，而这个人的模样很像你。"

加百列吼道："我真没干过这事，长得像我的人很多。自从进了监狱，我就不曾接近过任何一家牙医诊所。我敢打赌，这位牙医伊曼纽尔不曾见

过我,你们又能证明什么?"

朗波侦探忽然打断他的话说:"我已经知道了,我已经有足够证据送你去蹲监狱了!"

为什么朗波侦探这么说?

 参考答案

加百列说没见过伊曼纽尔医生,但却又知道这位医生是位牙医,所以朗波侦探才那么说的。

是谁不孝

　　有一天，一白发老妇到襄阳县衙来告状。她一上堂就一把鼻涕一把泪，哭得十分伤心。

　　老妇说，她的媳妇邢氏忤逆不孝，平日里从来没有好好服侍过她。今天老妇过生日，邢氏竟只给烧了碗青菜萝卜汤，而她自己却在房里吃鱼吃肉。婆婆一气之下，跑到县衙来，要县令替她做主。

　　县令马上派人将邢氏带上堂来，惊堂木一拍，问道："邢氏，你为何忤逆不孝，不敬公婆？快快讲来！"

　　邢氏竟如哑巴一样，只知道低头呜呜地哭，什么话也不说。

　　这么一来，县令大人可就为难起来，看着婆媳俩都哭哭啼啼，他感觉束手无策。

　　忽然，他想出了一个办法。他平心静气地对老婆婆说："你媳妇不孝，实在不该。不过，本县身为百姓的父母官，却使百姓出了如此不孝之人，实在也要负教化不明的责任啊。今天本县摆下两碗寿面，一来为你祝寿，二来使你婆媳和好，行吗？"婆婆连忙叩头谢恩。

　　县令让人在大堂上摆开一张长桌，搬来两把椅子，让婆媳两人面对面坐下，又亲自来到后堂安排。

　　不一会儿，差役端上两碗热腾腾的寿面，婆媳两人你看看我，我看看你，实在搞不懂，再看看堂上的县官大爷，正笑眯眯地看着她们，于是她们只好端起碗吃起来。

　　过不多久，县令就把案子断清了。请问，你知道他是怎样断案的吗？

婆婆和媳妇吃完面后，都感到腹中一阵恶心，竟当场把吃进去的东西都吐了出来。两旁衙役走过去一看，只见婆婆吐出来的是鱼肉面条，而媳妇吐出来的却只是青菜萝卜。

原来，县令在两碗寿面里放进了呕吐药。当然啦，谁是谁非，一下就非常清楚了。

木匠的冤情

一天，有个财主病死了，给3个儿子留下了一笔钱和县城里的一家钱庄。钱庄是赚大钱的地方，三兄弟都争着当老板，最后决定，三兄弟轮流当老板。可是都要去县城的话，那笔钱放在哪里呢？老三说："村里的王木匠是个老实人，就委托他保管吧。"两个哥哥都同意了，可是又怕老三和王木匠勾结，私下里把钱拿走，就和王木匠写下了一个字据："三兄弟必须同时在场，才能把钱交还出来。"

三兄弟一起经营钱庄，整天你防着我，我欺骗你，生意怎么做得好？没有多久钱庄就倒闭了，他们只好回家了，打算把钱取出来分。老三说："现在去取钱，王木匠肯定要收保管费，我倒有个办法，明天早上赶集时，我们当着众人的面，给他行礼道谢，他就不好意思开口收费了，下午我们再去取钱。"两个哥哥都觉得是个好主意。

这天晚上，老三去见王木匠，说："我们三兄弟一起来拿钱，人多眼杂不安全，所以明天早上赶集的时候，我们来向你鞠躬，这就表示三兄弟一致同意，由我做代表来取钱。"王木匠不知道其中有阴谋，就同意了。第二天早上，三兄弟恭恭敬敬给王木匠鞠躬行礼。中午，老三就拿到了钱，逃到了外

乡。下午,两个哥哥找不到老三,就来找王木匠,这才知道上了当,他们找不到老三,就向县官报了案,告王木匠勾结老三骗钱,还拿出字据,要王木匠赔给他们钱。王木匠好心却没有好报,大喊冤枉。

聪明的县官看了字据,竟然对王木匠说:"老三没有拿走钱,钱还在你那里呢!"

县官为什么要说钱还在王木匠那里呢?

参考答案

县官知道王木匠是被冤枉的,所以故意这样说的。因为根据字据,要兄弟三人一起到场才能取钱,现在少了老三,两个哥哥就无法向王木匠要钱,而老三出现的话,县官就可以把他抓起来。

心 理 战

一天晚上,有个姓李的商人,在外面做生意忙了一天,刚刚睡下,突然门被撞开,一伙人冲了进来。他们都用黑布蒙着脸,只露两只眼睛。他们把李商人绑起来,嘴里塞了袜子,扔在床上,然后乱哄哄地翻箱倒柜,看到值钱的东西就拿走,有的还互相争抢起来。直到把李家抢劫一空,才急忙处逃走了。

当地的县官名叫唐木,他接到报案以后,先询问了李商人,再查看了现场之后,还走访了附近的邻居,最后得出结论:参与这起抢劫案的,不像是有组织的团伙,非常可能是一群乌合之众。那么,如何才能在很短的时间,让罪犯主动来投案自首呢?

唐木回到衙门,想出了一个主意。这天晚上,一封匿名信张贴在县府的大门上,匿名信的标题是《致县官大人》,信上写着:"我知道抢劫者里,已

经有胆小鬼向县官大人告密,我也想前来自首,请求大人能从轻处理我。"

第二天,县衙门外里三层外三层,人们都争着来看匿名信,看过的,又把信上的内容你传我、我传他,很快就传遍全城的大街小巷。当天下午,唐木以县官的名义,在全城贴出了告示,告示写着:"本官已收到匿名信,并已经知道谁参加了抢劫,为给罪犯自首悔过的机会,特宽限三天时间,凡投案自首者可以从轻发落,逾期则一律捉拿归案,予以重判。"

告示贴出以后,两天还没有到,那些参与抢劫的罪犯们,都一个一个来到县衙门,争着投案自首。

唐木想了什么办法,让抢劫犯们主动投案自首的呢?

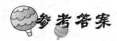 **参考答案**

唐木用的是离间敌人的心理战,他知道这帮盗贼是乌合之众,相互间没有什么信任感,就伪造了匿名信,罪犯们看后相互猜疑,以为别人已经自首并且告发了自己,只好主动来自首。

雨天杀人案

星期天。警官佛兰西带着妻子和儿子到伦敦市内公园游玩。9 点的时候突然下雨了。他们赶紧跑到亭子里去躲雨。雨停了的时候,他们正要继续游玩,手机铃响了。佛兰西拿起手机,是珍妮小姐打来的,"佛兰西吗?思得利城 38 号发生了一起杀人案,局长让你赶快到现场。""好吧!"挂了电话后,他看了看手表,时针正指向 10 点。

思得利城距伦敦 20 千米。佛兰西驱车到了现场,看到被害者是个 68 岁的老太太。法医告诉佛兰西,死者是上午 10 点被害的。

佛兰西没有发现任何线索。佛兰西询问了死者的邻居,了解到死者早

年就死了丈夫,膝下无子,孤身一人生活。但是丈夫生前留了很多遗产,所以她是这里的富裕人家,死者平时和大家没什么交往,只有一个侄儿哈克住在伦敦市内。

佛兰西马上回到警察局,打开了档案簿,查到"哈克"一栏,见上面写着:

"哈克。28 岁,一家电器公司的推销员,没有犯罪史……"佛兰西看着死者侄儿的档案,便把哈克叫到警察局。

一会儿,哈克来到警察局。佛兰西问,"年轻人,你姑妈被人杀害了,你知道吗?"

哈克伤心地说道："知道了,请警官为我姑妈报仇,早点破案。"

佛兰西又问:"凶杀案发生的时候你在什么地方?"哈克从外衣口袋里拿出一张照片递给佛兰西警官。佛兰西看到照片上的人站在阳光下显得很有精神。"凶杀案发生时,我正在伦敦市内公园游玩。这刚好是我在那时拍的照片,照片中纪念塔上的大钟正好 10 点。"

佛兰西蔑视地说:"你就是凶手,你想用 10 点不在场的证据骗过警方,恰恰证明了你正是凶手。"

经过进一步审讯,果然是哈克蓄意制造了这起谋杀案,想要获得遗产。请问佛兰西为什么这么说?

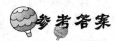 参考答案

上午 10 点市内公园正下大雨,而哈克的照片是在晴朗的阳光下照的。所以哈克说了谎,他就是凶手。

公审大树

从前有一个商人,在外面做了好多年生意,赚了很多笔钱,放在身边不放心,就带着钱回到老家,当天晚上,他关紧了门窗,拿出钱对妻子说道:"这是我几年来辛辛苦苦赚下的钱,现在儿子只有 3 岁,咱们先把钱藏着,等将来儿子长大了,给儿子盖房子、娶媳妇。"

妻子看到这么多钱,惊讶得连嘴巴都合不拢了,"当啷当啷"数起来,商人慌忙说:"别弄出声来,让别人知道了不安全!"妻子数好了钱,商人问她:"这么一大笔钱,你觉得藏在哪里好呢?"妻子想了想说:"不如就埋到后院吧。"等到后半夜,他们来到后院,把钱埋在一棵树下。

过了多天,商人又要出门了,他到后院里,想检查一下钱还在不在树

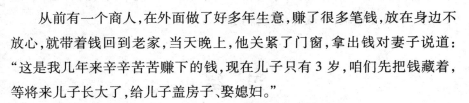

下,谁知刨开土一看,钱袋竟然不见了,就赶紧去县衙报了案。县官仔细地询问情况,对他说:"钱埋在大树底下,谁拿了钱,大树应该知道吧。明天早上,我要亲自审问大树!"

第二天,县官派人把大树砍下来,运到村口的空地上。村里人听说要审问树,都感到很稀奇,都聚集在空地上看热闹。县官让商人的全家站在大树的旁边,然后大声责问:"大树啊大树,到底是谁偷了钱,快快招来!"大树当然是一声不吭。县官又下令说:"大树不肯招供,就请众人排成队,在大树前走过去,或许大树会告诉你们什么。"众人就排着长队,一个个走过大树。

忽然,商人的儿子朝一个年轻人喊了起来:"抱、抱!"县官大喝一声:"来人!把这个偷钱的人给我抓起来!"

为什么县官通过审问树,能判断出年轻人就是偷钱的人呢?

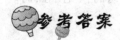参考答案

县官想,埋钱的事只有商人和他的妻子知道,估计妻子趁商人不在家,有了相好,她把藏钱的事告诉给了相好,是相好偷走了钱。县官考虑到相好常到商人家里来,商人的儿子对他一定很熟,就假装审问大树,吸引来众人,见到小孩要谁抱,谁就肯定是偷钱的人。

过　继

吴一夫是广东某县的知县,一天衙门口来了位告状的老妇人,当差的衙役便把老妇人带到堂上。

老妇人哭诉道:"大人,我丈夫白龙喜去世多年,没有留下儿子,现在我丈夫的哥哥白龙申有两个儿子,为了占有我的家业,他想把他的小儿子过

继给我，做继承人。大人，我的这个小侄子一向品行不端，经常用很恶毒的语言攻击我，我实在不想让他做我的过继儿子，于是，我就自己收养了一个别人家的孩子做继子。这下可惹怒了我丈夫的哥哥，他说什么也不同意让我收养别人家的孩子，并说不收养他的孩子，就让我这位小侄子气死我！大人啊！天下还有这样的哥哥和这样的侄子吗？请大人给我做主哇！"

吴一夫听罢，非常气愤。第二天，便在公堂之上开始审理这起案子。

吴一夫先把白龙申叫到堂前，问道："白龙申，你想把你儿子过继给你弟弟家，你是怎么想的呀？"

白龙申理直气壮地说道："回禀大人，按照现行的法律，我就应该过继给我弟弟家一个儿子，好让我弟弟续上香火呀。"

"你说得有些道理。"吴一夫肯定地说。旋即，他又叫来老妇人，让老妇人说说她不要这个侄子的道理。

老妇人回答道："回禀大人，照理说我应该让我这个侄儿为嗣子，可是，这个孩子爱挥霍，来到我家必定会败坏家业。我已年老，怕是靠不住他，不如让我自己选择称心如意的人来继承家产。"

吴一夫大怒："公堂之上只能讲法律，不徇人情，怎么能任你想怎么样就怎么样呢？"

他的话还没说完，白龙申连忙跪下称谢，嘴里直说"大老爷真是办案公正"，而告状的老妇人却是无奈地直摇头。

马上，吴一夫就让他们在过继状上签字画押，然后把白龙申的儿子叫到跟前说："你父亲已经与你断绝关系，从今天起，你婶子就是你的母亲了，你赶快去拜认吧。这么一来名正言顺，免得以后再纠缠。"

白龙申的小儿子马上就向婶母跪下拜道："母亲大人，请受孩儿一拜！"

老妇人眼见着知县这样判案，侄儿又在眼前跪着，边哭边对着吴一夫诉道："大人哪！要立这个不孝之子当我的儿子，这等于要我的命啊，我还不如死了好！"

听了他的话，知县吴一夫不禁哈哈大笑，笑后很快就断了此案，还了老

最狡猾机智的沟通

妇人一个公道。

你知道知县吴一夫在老妇人叹气之后是如何断案的吗？

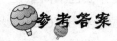参考答案

知县吴一夫将那个孩子断给老妇人是欲擒故纵，他知道如此不公的判决，老妇人一定不服，甚至觉得冤，果然如他所料，老妇人听到不公的判决后便说了"不孝之子……"那句话。于是吴一夫马上便问道："你说这个儿子对你不孝，你能列举事实吗？"老妇人马上便说出了很多件侄儿不孝之事。吴一夫便当众对其父白龙申说道："父母控告儿不孝，儿子犯了十恶大罪应当处死，"白龙申闻听儿子要处死，连连求情。吴一夫便说道："现在只有一个办法，就是不让他做婶母的儿子，既然不是她的儿子，也就不能以不孝重罪来处死他。"白龙申只得照办，老妇人便顺利地不要了这个继子。

有毒的红酒

林迪福想除掉他的竞争对手史蒂夫。

一天，林迪福邀请史蒂夫去喝酒。他们来到一家酒吧，喝到很晚，但苦干无机会下手，林迪福就缠着史蒂夫继续喝酒。史蒂夫无奈，就把林迪福带回了家继续喝酒。

喝得兴起，史蒂夫不停地给林迪福倒白酒，当把最后一瓶酒都倒光后，史蒂夫起身去找红酒。趁着这个机会，林迪福将准备好的毒药投进史蒂夫的酒杯中。毫无察觉的史蒂夫摇摇晃晃地拿着一瓶法国红酒回来，分别给两个杯子倒满，一口干了。不一会儿，史蒂夫就停止了呼吸。

林迪福冷静地处理着房内的一切，伪造了史蒂夫自杀的假象，并把那瓶红酒拿走了。但令他惊讶的是，第二天警方就在报纸上刊登了此案是凶

杀案,并通缉嫌犯。那么,林迪福在哪里露了马脚?

因为林迪福拿走了红酒。昨晚两人喝过的杯子里还残留着红酒,所以如果史蒂夫是自杀,红酒就不可能被人拿走了,所以警察断定是他杀。

监守自盗

昨晚,巨人公司保险柜里的20万现金被盗了。总经理来富傻眼了,赶紧报案,然后坐在客厅里,眼巴巴地盼着侦探公司早点派人来。正在他急得团团乱转的时候。一个年轻女子出现在他的面前。他对女子说:"今天不办事,改天再来吧!"

那女子微微一笑,掏出自己的证件说:"您搞错了,经理先生,我是侦探戴伊。"

"什么?你是侦探?"来富简直气得要跳了起来,"我们这里失盗了,并不是要开什么服装展示会。"

戴伊毫不在意地说:"经理先生,我不在乎你的态度,我们开始工作吧。"

来富说:"很简单,昨天放进去的钱,今儿早晨就不见了,你说上哪儿去了呢?"

戴伊听了,先去现场检查了一番,然后又回到客厅里,调查了经理部的人。

七八个人很快就说完了,就剩下来富和小丝了。来富好像有点儿不太好意思,低声说:"昨天我带小丝去看电影了,没叫大家,下回一定补上。"小丝也马上承认是一起去看电影了。

最狡猾机智的沟通

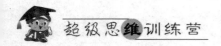

戴伊问道:"在哪家影院? 什么片子? 什么时间?"。

来富回答道:"看的是大片《指环王》,开明影院,。时间是 7:45。"

戴伊不再多问了,整理好东西说,"今天就进行到这里,明天我们再继续。"说完,朝所有的人点点头便出门去了。

第二天,戴伊又在同一时间来了。她好像忘记昨天都做了些什么,仍然叫大家说一说出事那天都干什么去了。当大家都说完了以后,最后是来富说,只见他没好气地说:"我带小丝看电影去了……"

"是《指环王》,在开明影院,7:45 那场吗?"戴伊问。

来富点点头说:"嗯,是的!"

"遗憾的是那天开明影院的放映机出了故障,那场电影取消了,你不过是从报纸上知道有那么一场电影罢了。"戴伊说道:"凶手是谁,你肯定知道!"

请问你知道谁是盗贼吗?

参考答案

来富和小丝共同说谎,说明他们两个人就是盗贼,他们说谎心里肯定有鬼。

邮轮上的谋杀

一艘豪华客轮正在太平洋上航行,一天清晨,在船尾的甲板上发现了一具女尸。死者是以服装设计为业的李春雨,她是被人用刀刺死的。死亡时间大约在前一天晚上11点。

客轮正航行在太平洋的中央,即使利用救生艇逃走,也不可能保住性命,所以凶手应该还在客轮上,但凶手为什么要留下尸体呢?

事实上,船客之中,有两个人有谋杀李春雨的动机。

李春江——被害人之侄,也是遗产继承人。因为嗜赌如命,欠了别人一屁股的债。

白素新——被害人的秘书,由于侵占公款,被革职。

据以上资料,请你推理看看,谁是凶手? 如能解开其中之谜,你就有资格当侦探了。

凶手是遗产继承人李春江。他为了早点把遗产弄到手,没有将尸体丢入大海,而是刻意留下。因为法律规定,在失踪期间,失踪人的财产是不可以被继承的。

有毒的蘑菇

日本的群马县以前被称之为上野国或上州。上州的特点就是老婆当家、龙卷风和闪电。上州可以说是日本最常发生落雷的地方,非常有名。某个初秋,赤城山麓草原上发现了两具正在露营的群马大学学生的尸体,他们死于扎在大杉树下的帐篷中。现场的尸体已经散发出阵阵的恶臭,帐篷外的足迹也不是很清晰,且杂草丛生。尸体经法医鉴定,死因是食物中毒,判断是吃了森林中的毒蘑菇,中毒而死的。但两人是野外生活社团的团员,怎么会吃毒蘑菇呢?"就算死因是食用毒蘑菇中毒,也必定是他杀!作案人故意让他们吃下毒蘑菇,再将尸体搬到这里,假装他们是在露营中误食毒蘑菇而死。而且,作案人一定是没有露营经验的家伙。"群马县的刑警只大致看了看现场,就很干脆地作出了判断。

请问群马县的刑警那么肯定是他杀的理由是什么呢?

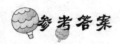

帐篷扎营的位置不对。刑警看见帐篷搭在一棵大杉树的下方,断定此为他杀案件。为什么呢?因为这两人是野外生活社团的团员,知道应该将帐篷搭在宽广的草地上,而不能搭在大树下方。搭在大树下方,万一气候突然变化,有遭雷直击的危险,更何况群马县是多雷地区。他们是当地的大学生,又是野外生活社团团员,岂有不知落雷危险的道理?

受伤的警察们

4 个警察试图用警戒线隔离人群。在行动后期每个人的身体都受到了的伤害,那种折磨让他们难以忍受。根据下面的提示,你能分辨出 1~4 号警官并说出他们所受到的伤害吗?

1. 时刻紧绷的神经使 2 号警官的肩膀都麻木了。

2. 内卫尔的鼻子痒得厉害,但他不能去抓,因为卡弗的左手紧紧抓着他的右手。

3. 图片上这群势单力薄的警察中,布特比亚瑟更靠左边,站在格瑞的右面是艾尔莫特,不过中间隔了一个位置。

4. 有鸡眼的警官和斯图尔特·杜琼之间隔了一个人。

名:亚瑟,格瑞,内卫尔,斯图尔特

姓:布特,卡弗,艾尔英特,杜琼

身体问题:鸡眼,肩膀麻木,发痒的鼻子,肿胀的脚

提示:关键在于 4 号警官的姓。

参考答案

根据线索 1,我们知道由于 2 号警官的肩膀麻木,线索 4 说明斯图尔特·杜琼不是 4 号警官。通过线索 2,排除了卡弗在 4 号位置的可能,并且线索 3 排除了布特,因此排除其他可能后,我们知道 4 号警官一定是艾尔莫特。这样根据线索 3,格瑞在 2 号位置,并且遭受肩膀麻木的痛苦。1 号警官不是亚瑟(线索 3),也不是鼻子发痒的内卫尔(线索 2),而是斯图尔特·

杜琼。这样根据线索4,3号警官受鸡眼折磨。我们知道他不是格瑞、内卫尔或斯图尔特,所以他一定是亚瑟,剩下4号警官是鼻子发痒的内卫尔·艾尔莫特。排除其他可能后,我们知道斯图尔特·杜琼一定受肿胀的脚的折磨。线索2得知亚瑟就是卡弗,剩下格瑞就是布特。

综合以上可知:

1号,斯图尔特·杜琼,肿胀的脚。

2号,格瑞·布特,肩膀麻木。

3号,亚瑟·卡弗,鸡眼。

4号,内卫尔·艾尔莫特,发痒的鼻子。

国际刑警遇到的难题

国际反恐组织得到了消息,制造多起恐怖事件的"黑鹰"组织首领莱森和别的一些核心成员,一年前躲避到 G 国来了。现在他们频繁接触,似乎在酝酿着新的恐怖计划。经过缜密的调查发现,该组织的成员碰面形式非常奇怪:第一名头目的助手隔一天去头目那里一次,协助他处理事情;第二个恐怖分子隔两天去一次,第三个恐怖分子隔三天去一次,第四个恐怖分子隔四天去一次……第七名恐怖分子要每隔七天才去一次。为了避免打草惊蛇,并把恐怖分子们一网打尽,吉普森决定等到 7 名恐怖分子都碰面的那一天再行动。聪明的读者,这 7 名恐怖分子什么时候才能一起碰面呢?

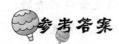 参考答案

先从第一名助手开始去的那个晚上计算。如果 7 个恐怖分子头目能同时碰面,他们之间间隔的天数肯定能够被 2、3、4、5、6、7 整除掉,现在我们可以很方便地得出这个数字就是 420。

因此,在他们开始会面的第 421 天,7 人将首次同时出现。而由于他们已经在 G 国住了一年了,所以离这一天的到来应该不会太远了。

冤 死 狗

从前有一个老人孤独地生活在一个公寓内,他的身边只有一条狗在做伴。

一天晚上,老人服了些安眠药熟睡后,因煤气中毒而死掉。并且这条狗也死掉了,而且狗的脖子上还拴着绳子,身旁有一根香肠。

法医推测老人的死亡时间是午夜 11 点左右,还发现狗的胃中也含有部分安眠药。死因是连接煤气管道的皮管泄漏大量煤气所致。

警方把目标锁定在与老人生前有仇的程某的身上。但程某却提供了从晚上 9 点到第二天早晨都不在作案现场的证据,令警方十分无奈。

其实,正是程某杀死了老人,那么他是如何将煤气泄漏时间推迟了两个多小时的呢?

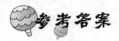 参考答案

程某是在晚上 9 点左右潜入老人公寓的。他将香肠塞进煤气皮管口后,将煤气开关打开。程某不仅给老人服用了安眠药,而且给狗也服用了安眠药,然后他离开现场。11 点左右,狗醒来发现了塞在煤气管口的香肠,就想把香肠拔出来吃掉,于是煤气大量地泄漏。狗被拴在煤气管道旁,所以狗也没幸免于难。

女影星之死

女影星苏琪上吊的尸体在长野县的深山里被发现是 6 月末的事情。现场是人迹罕至的险峻深山,一到冬季就会被厚厚的积雪覆盖。

根据遗体的状况判定,死亡时间大致是在 3 月底。

1 月初,苏琪与经理人的丑闻被披露出来,此后她便销声匿迹了。警察认为,苏琪为舆论所迫,心力交瘁,于 3 月底来此自杀。

现场滚落着两块看起来像是苏琪用来垫脚的大石头。她大概是将两块石头堆在了一起,然后踩在上面将绳套套在脖子上,再用脚把石头蹬倒。

绳子的长度与石头的高度正好一致。

当警方就要结案时,王探长来到现场,他发现死者上吊的绳子上有一些她的头发,断定"这是他杀案件"。

但警察并未找出3月末时谁来过这里,王探长看了看周围,说道:"她不是在3月死的,凶手用了一个小手段。"为什么这样说呢?

 参考答案

死亡推定时间虽然在3月底,可也未必。如果将尸体泡在浴缸中,或用电热毯包起来,或者冷冻起来,查明死期就非常困难了。这是罪犯在制造假现场、伪装不在现场的证明时惯用的伎俩。苏琪失踪是在1月上旬,如果是这个季节的话,长野县的深山区应该是齐膝深的大雪,而到了3月份积雪该慢慢融化。到了6月积雪就没了。因而,苏琪是1月上旬被杀,始终处于冷冻状态直到6月,所以也没什么不可思议。那么,凶手究竟是怎样杀的苏琪?凶手(有可能是经理人)的手段是这样:以"暂时躲避一下舆论"为由,花言巧语将苏琪哄骗到长野县的深山中,趁苏琪不备,凶手突然用带来的绳子把其勒死。当然,为了让人觉得苏琪是上吊而故意在其脚下放了两块大石头。因为山中都是积雪,这样一来,苏琪的尸体就处于冷冻状态,死亡的推定时间也就说不准了。不久,到了冰雪融化的6月末,来此的人发现了看起来像是上吊自杀的苏琪的尸体。凶手是用绳子绑在死者头上再吊在树上。如果是上吊,应该把绳子接好后套在自己的脖子上,绳子上不会有头发的。

插 头

百万富翁威尔森在一个夏天的中午死在他的书房里。只见他右手握

最狡猾机智的沟通

着手枪,一颗子弹击中头部,人倒在地毯上。桌上摆着一台电扇和一份遗书,遗书说想和妻子在天堂约会。从现场以及遗书来看,威尔森显然是自杀的。大家都知道威尔森很爱他的妻子,妻子生前几乎与他寸步不离,他们夫妻俩每天早上都要去公园散步、打羽毛球,是一对恩爱情侣。一年前威尔森的妻子遇车祸意外死亡,这折磨了他很久,他经常去妻子的墓前喃喃自语。

　　警官克鲁斯赶到现场进行调查。他在现场看到,电风扇的线已经从墙壁上的插座上拔出,被压在威尔森的尸体下。"是死者从椅子上碰落的吗?"克鲁斯心里滋生了一个假设。为慎重起见,他将电线从威尔森的尸体下抽出,将插头插入墙壁上的插座里,电风扇的开关是开着的,所以电扇又转动了起来。电风扇产生的强烈气流把桌子上威尔森的遗书吹到了地上。克鲁斯警官捡起遗书,突然说:"这不是自杀,是他杀!凶手在谋杀威尔森后,将仿造的遗书放到桌面上,才离开现场的。"

请问为什么警官克鲁斯这么说?

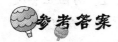

参考答案

插上插头,电风扇开始转动,桌子上的遗书就会被风吹掉。但遗书一直在桌子上。这就是说,被射杀的威尔森倒地时,碰到了电源线,插头从插座中脱落,电风扇停止了转动,凶手才放遗书在桌子上的。如果是威尔森死前自己放的遗书,那遗书就会被吹到地上了,所以是他杀。

追踪越狱犯

提到北海道网走监狱,就会令人联想到它的尽头就是地狱。它以前是专门收容重刑罪犯的牢狱。但那红砖造的围墙与坚固的正门,今天已成了观光胜地。不少观光客来到此地,都会在门前拍照。

某个初秋的夜晚,网走监狱有个囚犯逃了。他用工场中的木棒当高跷,翻越高耸的围墙逃狱。接着,穿越围墙外的空地,逃进杂树林山丘。被雨打湿的地面上留下了清楚的脚印。于是,狱警牵来优秀的警犬,追查逃犯的路线。警犬仔细地嗅过空地上囚犯的足迹之后,一直循此前进,进入杂树林。但追到一半,警犬不知为什么突然停止,左顾右盼,一步也不前进了。

逃犯并没有换穿别的鞋子继续逃亡,他脚上始终是同一双鞋。

那么,请问他是如何骗过嗅觉灵敏的警犬的?

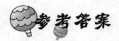

参考答案

改变脚味逃走。越狱犯在森林里脱下鞋,并往鞋里撒尿,再穿上继续往前跑。如此一来,足迹的味道改变,警犬再厉害也糊涂了。在森林中,因为地面有落叶,不但能掩盖小便的痕迹,而且不会留下足迹。为阻止警犬追踪,以小便掩盖足迹的技巧经常被使用在侦探小说中。换句话说,这是自制的快速除臭剂。如果是在牧场的话,因为到处都是牛马的粪便,若是故意踏在粪上逃亡,即可在中途使足迹味道改变。据说,就算是在野外经历十日风雨的足迹,只要犯人气味没变,警犬也能轻松嗅出其藏身之地。

罐头盒里的蚂蚱

路易斯是美国一位成功的大商人。之前他从事的是食品生产生意,他的工厂以制造罐装食品为主。

一次,路易斯率领他的团队带着自己生产的产品参加食品专家鉴定会。他热情地与专家们攀谈,并亲自打开一罐自己公司生产的"青菜罐头"请他们品尝。然而,他刚刚掀开罐口,就看见青菜叶里卷着一只小蚂蚱,这肯定因为是拣菜工人的粗心造成的。如果让这些专家们看到这只小小的蚂蚱,那肯定会让他的产品声名狼藉。

怎么办?就在那一瞬间,路易斯趁专家们还没有注意到,在头脑中闪出一连串的应急办法:向专家们解释小蚂蚱出现的原因?小蚂蚱是一种特殊调味料;小蚂蚱是一种营养添加物;还是考验专家们眼力的;是开玩笑逗乐;不让专家们看到小蚂蚱,把小蚂蚱搅到罐底;把这一罐故意失手泼掉;想办法再换一罐……然而这些都很冒险。路易斯最终采用了一个让旁人不知不觉的好办法。

你能猜到他是如何做的吗？

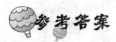

参考答案

路易斯迅速抄起旁边的小勺子，舀起那片有小蚂蚱的菜叶，送进自己嘴里，还一边故作幽默地说："这么香的罐头，我都要忍不住要先尝一口！"

三 人 行

老王从甲地打车出发去乙地。在途中经过丙地时，看见朋友老白和老陈，寒暄几句后，得知两个朋友也要去乙地，于是老王让他们一起上车，3人乘一辆车到达了乙地。等3人办完事情后，又约好一起乘出租车往回返，老白在丙地下车，老陈则和老王一起坐车回到甲地。从甲地到乙地来回需付24元。如果3人各自支付自己所乘区间的打车费，那么每个人应各付多少钱？

参考答案

老王付13元，老白付4元，老陈付7元。

叶子与古币

"铃铃铃"，布莱克探长接到收藏家凯恩的电话，他说有一枚稀有古金币要拿到市场拍卖，希望探长能保护他。

探长下午如约赶到，想不到呈现在眼前的竟是凯恩的尸体。他被钝器

击中,死了不到半小时。

　　探长调查了现场,发现其上衣翻领上有一枚绿色三叶形的徽章,徽章后面有一样东西闪闪发亮,仔细一看,正是那枚古金币,藏在徽章的夹层中。他将金币放回原来的地方,看着死者身上外翻出来的衣兜,在思考着什么。

　　当他察看这位独居死者的厨房时,凯恩的侄子汤姆走了进来,见状惊问是怎么回事。探长从碗橱里取出一个茶叶罐,打开盖子让汤姆拿着,自己则边从罐中取茶叶,边说:"你叔叔叫我陪他去市场拍卖,凶手抢到我的前面。看来凶手是搜遍了尸体,但一无所获,因为你叔叔没有把金币放在衣兜里。"

探长停顿片刻,将一壶水放在炉子上说:"你替我把它拿出来吧,它就藏在叶子下面。"汤姆立即放下手中的茶叶罐,一会儿后,他从叔叔身上找到金币。

探长厉声责问汤姆:"为什么要谋杀你叔叔?"。

探长怎么知道汤姆是凶手呢?

参考答案

因为汤姆是从他叔叔尸体上找金币的,证明他涉嫌谋杀。假如他是无辜的,探长所说的"金币就藏在叶子下面",汤姆就会将"叶子"理解为手中的茶叶罐,而汤姆却想到是徽章,立刻去翻他叔叔的尸体。

华盛顿抓小偷

美国第一任总统华盛顿,从小聪慧勇敢,少年时的一些了不起的事迹被家乡人民广泛传颂着。

有一次,华盛顿的邻居普斯特大叔家中遭到了偷窃,丢了很多东西。普斯特感到很气愤,告到了村长那里,村长召集村民们开大会,大家你一言我一语的,讨论破案的方法。这时,在一旁玩耍的华盛顿悄悄地把村长拉到一旁说道:"从偷窃的东西和时间来看,小偷应该就是本村的人干的。"村长半信半疑地看看华盛顿说:"你有什么办法吗?"华盛顿跟村长耳语了几句。

晚上,村长将村民们召集到一起,说是要听华盛顿讲故事。晴朗夜空下,华盛顿开讲道:"黄蜂是上帝的特使,它有一双亮晶晶的大眼睛,能够辨别人间真伪、善恶,乘着朦胧月光飞向人间……"讲到这儿,华盛顿忽然停

住,猛然大声喊道:"看啊,小偷就是他呀! 是他偷了普斯特大叔的东西,黄蜂正在他帽子上打转呢,要落下来了,落下来了!"

人群开始乱起来,一个个都扭头寻找着那个小偷,在一旁观察的华盛顿突然指着一个人大喊:"小偷就是他!"此时小偷想抵赖也抵赖不了,只得认罪。那么华盛顿是如何认出这个小偷的呢?

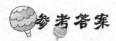参考答案

其实华盛顿是利用了小偷做贼心虚的心理抓到小偷的。他看到那个小偷在自己头顶上用帽子心急火燎地挥动着,生怕所谓的黄蜂蜇到自己,这样小偷自己就会暴露了。

希尔顿卖地毯

希尔顿是美国著名的酒店业大亨。在他年轻时曾有过去阿拉伯卖地毯的经历。那时候,朋友们纷纷劝他不要去那里,因为众所周知阿拉伯的地毯业在全球首屈一指,而且畅销全球,希尔顿想要跟阿拉伯地毯叫板,注定要失败的。

然而希尔顿却偏偏不听劝告。他带着自己的地毯来到了阿拉伯,开始努力地工作。可正如朋友们所料,他赔得一干二净。但希尔顿并没有就此罢休,他决定要从头再来一次。

希尔顿开始认真观察阿拉伯当地人的风俗。他发现当地人大多数是穆斯林教徒,每天都要跪在地摊上,朝着麦加的方向祷告。于是他想到一个好主意,他巧妙地设计出一种能帮助穆斯林教徒朝着麦加方向祷告的地毯。正是这个小小的创新,不但使希尔顿卖完了所有积压的地毯,而且从此还在阿拉伯的地毯市场上占据一席之地。

你知道希尔顿采取了什么方法吗？

参考答案

希尔顿在他的地毯上加了一枚能指向北方的小罗盘,便于那些穆斯林教徒们在祷告时找寻圣城麦加的方向。

卖 马 人

有一个贩马的商人,专门以倒卖马匹获取差价赚钱。一天下来他买卖马匹的情况是这样的:先用60两银子买了一匹马,又用70两银子卖了这匹马;再用80两银子买一匹马,最后又用90两银子卖这匹马。他的老婆抱怨他说:"辛辛苦苦,折腾了一天,只赚10两银子!"那贩马商笑道:"可不止10两银子呀!"

那么你算一算,商人在这匹马的交易中赚了多少钱呢?

参考答案

其实他赚了20两。对这个问题可以换个形式算。他是先用60两银子买进一匹白马,再用70两银子卖掉这匹白马;再用80两银子买进一匹黑马,又用90两银子卖掉这匹黑马。这样问题清楚了,贩马人在这天交易里一共赚了20两银子。

怪盗与马

在爱尔兰高原上,有一幢别墅,是在19世纪末建造的一幢男爵的别

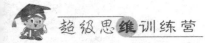

墅。一天夜里,有个蒙面强盗潜入室内,盗走了大量珠宝,并把男爵夫妇用绳子捆绑起来关进厕所里。

探长布莱克负责侦破此案。当他知道案发的前一天怪盗朗班在伦敦滞留的消息后,猜想一定是他作的案,于是马上赶到朗班住的伦敦饭馆。

"朗班先生,上周六晚上去过爱尔兰高原的别墅吧? 因为有人看见了,所以你想赖是赖不掉的。"布莱克说道。

"去过,怎么了,出什么事了?"

"那天夜里男爵的别墅进去一个蒙面强盗,抢走了男爵夫人的珠宝后逃跑了。那个案犯就是你吧?"

朗班很认真地反问道："胡说什么！事件到底是什么时候发生的?"。

"案犯盗走珠宝的时候,用绳子把男爵夫妇捆起来,不知为什么又把他们关进厕所里。事后男爵说是 21：05,他看了一眼卧室里的钟。"

"如果是 21：05,我真不是强盗,我有不在场证明。那天夜里我是在 S 车站乘 21：06 的夜班车赶回伦敦的。从男爵的别墅到 S 车站无论如何 10 分钟是不够的。"

"噢！看来你对男爵的别墅很熟悉呀。"布莱克讽刺地说。

怪盗朗班苦笑说："去年赛马时住过一夜。"

男爵的别墅离 S 车站有相当远的一段路,再近的路步行也得 30 分钟。因此,朗班从 S 车站乘坐 21：06 发的夜班车如果属实,他不在作案现场的证明是成立的。

布莱克侦探已经去过 S 车站,让车站工作人员看过朗班的照片,证明他没有说谎。那天从 S 车站上车的旅客只有朗班一人,车站的工作人员都记得他。

"可是,朗班先生,10 分钟之内是有办法从别墅到 S 车站的。"布莱克侦探说。

"比如我是搭上一辆马车逃跑的——"

"不,对于你这个诡计多端的人来说,你绝对不会乘别人的马车。男爵的别墅里倒是有个马棚,并且还有一匹马,马棚外面还有一辆自行车。"

朗班理直气壮地反驳："接下来你会说我使用了这两种工具的一种。请问你找到这些工具了吗?"。

布莱克威严地说："不,男爵夫妇一个小时后挣脱了绳索,出厕所去查看四周情况时,看到马仍在马棚里,自行车也放在原处未动。可是,马棚的门从里面是推不开的,只有从外面推才能推开。所以,朗班先生,我已经知道你玩什么把戏了,你最好把财宝还给公爵,不然我就报警。"。

请问你知道怪盗朗班用什么工具只花了 10 分钟就逃到了 S 车站的吗?

参考答案

怪盗朗班从别墅骑上马飞奔到 S 车站,并在 S 车站附近下马,把马放开,自己奔向 S 车站乘上 21∶06 的夜车,回到住处。马就自己回马棚去了。

人行道的方案

一位年轻的建筑师在一片商业区中设计了一些写字楼,在工人们按照设计师的规划盖成以后,设计师发现这些楼与楼之间的人行道还没设计。

由于这些办公楼相互交错,参差不齐,而且楼和楼之间也比较密集。将来这里将是一些白领工作的区域,每个人都会匆匆忙忙赶时间,因此,楼与楼之间的人行道要设计得合情合理,能使人在最短距离内到达自己的目的地。然而,由于楼群布局非常复杂,想要找到一个最佳方案并不容易。于是设计师开始每天在这些楼之间观察。

一天,一位市容管理员来办事,看见这位愁眉苦脸的建筑师正面对着楼发呆。管理员就上前询问,得知设计师的问题后,就说道:"这个好办啊,你先让人在楼之间的空地上种上草坪,等夏季过去以后,您的人行道的设计案就能出来了。"年轻的建筑师还是不明白为什么要这么做,接着,那个市容管理员给他解释。

建筑师听了管理员的一番话之后,不由得赞叹他的聪明。那么,你知道为什么种草坪吗?

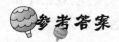参考答案

因为市容管理员按照他平时的经验分析,人们走路的时候有一个习

惯,为了节约时间,一般都喜欢找最近最短的路通向自己的目的地。先在这些楼群之间种上草坪,等到了秋天,人们就会在草坪上踩出许多道,最明显的印迹,就是人们最喜欢走的一条路,也就是人行道的最佳方案。

贷款 1 美元的富豪

有一位犹太富豪要去一个城市办事。他先走进一家银行,来到贷款部要申请贷款。贷款部的经理看到眼前的先生穿着讲究,还带着昂贵的手表和宝石戒指,就想这一定是位大客户。于是赶忙上前彬彬有礼地问道:"您好先生,有什么可以为您效劳吗?"

"我要贷款。"犹太富豪说道。

"啊,完全可以,那么您想贷多少呢?"经理非常开心,他想这人一定会贷很多钱。

"就 1 美元。"

"您说什么,你只要贷 1 美元吗?"银行经理以为自己听错了,惊讶地睁大眼睛。

"是的,你没听错,我只要 1 美元,可以吗?"犹太富豪肯定地说道。

银行经理是个工作经验丰富的人,他马上想到:这人一看就是富豪,但他只贷 1 美元,一定有什么原因,可能他只是想试探一下我们的工作效率和服务质量。

想到这,银行经理装作高兴地说:"啊,当然没问题,只要有担保,您需要多少钱我们都可以做到。"

"哦,很好。"说着这个犹太富豪就从自己的皮包里取出了一大把股票和债券放在了经理的桌上。

那银行经理清点了一下,足足价值 50 万美元,他心里纳闷了,客气地说道:"先生,您的这些股票和债券价值 50 万美元,您真的要贷 1 美元吗?"

最狡猾机智的沟通

"是的,我只要1美元。"犹太富豪有点不耐烦了。

"好吧,那就请您跟我来这边办手续。"犹太人跟着银行经理办完手续之后,满意地离开了银行,因为他目的确实达到了。

看到这里,你是不是很奇怪,你能想出为什么这个犹太富豪贷1美元吗?

这位奇怪的犹太富豪其实是想先到城里办些事情,但他包里携带着一些股票和债券很不方便,但又不知道该把这些东西放在哪。于是他就想到了用贷款将这些股票和债券寄存在银行里。所以只要1美元就可以达到自己的目的了。

旅游者与毒贩子

这次警方抓获了两名贩毒集团的重要成员,一个叫帕特尼,一个叫道格。毒贩们立刻改变了偷运的路线,缉毒工作只好重新找线索。

警方通过特殊渠道获悉,有一个毒贩子装扮成旅行者转运毒品。警方最后把范围缩小到3个人身上,把他们带回警局之后,警长杰克对他们进行了审问。

第一个人一被带进来就大声吼道:"我抗议,你们凭什么把我带来,我要上告!"杰克平静地解释说:"你别生气,我们是在例行公事。我只问你几个简单的问题,你到这儿找谁?""我是来玩的! 这都不允许吗?""你带了什么东西?""你们怎么这么麻烦,我出来当然要带一些生活必需品啦!""那么你知道道格、帕特尼吗?""谁知道他是个什么鬼东西!"警长听了这些话,对他说:"没事了,你可以走了。"

第二人是个沉默寡言的人,问 10 句答一句。杰克只好安慰他:"请不要顾虑太多,我们只是例行公事,有什么就说什么吧。""我不喜欢和警察打交道。""那么,道格、帕特尼你知道吗?""不知道,让他赶快放我出去!""嗯,很好,马上放你出去。"

第三个人很随和,也非常配合,他一再申明自己是个好公民。他不光认真回答了杰克的所有问题,并且非常理解地说:"这种事我遇到多了,出了重要案子,你们当然不能轻易相信任何人。"警长随口问:"你去过很多地方吧?""是的,我喜欢旅游。""那你喜欢这里吗?""当然喜欢啦!这里的人很热情。""你知道道格、帕特尼吗?""我根本不认识他们,从没有听过他们俩。"

"好了,先生,别演了,你就是毒贩子。"

请问警察为什么这么说?

参考答案

因为他知道道格、帕特尼是两个人。

弹壳的位置

杰克探长住进一家高级酒店二楼的一套客房。突然,从走廊传来女人的呼救声。

他发现 315 房间门前有一个年轻妇女在哭喊,从开着的门看到房间里一个男人倒在安乐椅上,一动不动。杰克探长对其作了简单检查后,发现这人已经死了。

当地警署也派人来了。那个年轻妇女边哭边说:"几分钟前,听到有人敲门,我打开门时,门外一个戴面具的人朝我丈夫开了枪,把枪扔进房间逃

跑了。"

　　地毯上有一支装着消音器的手枪,左侧两个弹壳相距不远,在墙上发现一个小洞。杰克探长对警署人员:"把这女士抓回去。"

　　为什么探长对死者的妻子产生怀疑?

参考答案

　　如果歹徒是在门外朝她丈夫开枪,弹壳就不会落在房间里,也不会落在左侧,会在射手的右后方几英尺处。

送餐员

一名送餐员来到某家公司的接待处,为这里的职员送来他们预订的午餐。根据以下的提示,请你推断出谁订购了什么及他们所在的部门吗? 他们还预订了其他什么食物吗?

1. 接待处和销售部的人订购的不是胡萝卜蛋糕和奶酪三明治,洁尼在接待处工作,但她订的不是鸡蛋三明治。

2. 玛丽亚不在行政部工作,她和订鸡肉三明治的那个人都没有要橘子汁。

3. 会计部职员订的是火腿三明治。

4. 巧克力甜饼是艾莉森订的。

5. 油炸圈饼是人事部订的一部分食品。

6. 科林订了金枪鱼三明治。

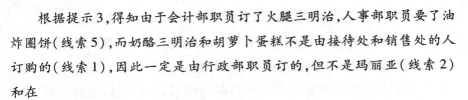参考答案

根据提示3,得知由于会计部职员订了火腿三明治,人事部职员要了油炸圈饼(线索5),而奶酪三明治和胡萝卜蛋糕不是由接待处和销售处的人订购的(线索1),因此一定是由行政部职员订的,但不是玛丽亚(线索2)和在
接待处工作的洁尼(线索1),不是订金枪鱼三明治的科林(线索6),也不是订巧克力甜饼的艾莉森(线索4),而是加里。接待处的洁尼没有要鸡蛋三明治(线索1),所以她订的是鸡肉三明治,但没有要胡萝卜蛋糕、甜饼或油炸圈饼。根据线索2,知道要鸡肉三明治的人没有同时要橘子汁,因此洁尼另外要的是油炸马铃薯片。玛丽亚没有订购橘子汁(线索2),所以推断出

她是订购油炸圈饼的人事部职员。排除其他可能后,我们知道科林要了金枪鱼三明治和橘子汁,他不在会计部工作,因为会计部职员订了火腿三明治,推断出他一定在销售部。现在我们可以知道艾莉森是会计部职员,她将享受她的火腿三明治和甜饼,而人事部的玛丽亚订购了油炸圈饼还有鸡蛋三明治。

综上可知:

艾莉森,会计部,火腿三明治,巧克力甜饼。

科林,销售部,金枪鱼三明治,橘子汁。

加里,行政部,奶酪三明治,胡萝卜蛋糕。

玛丽亚,人事部,鸡蛋三明治,油炸圈饼。

洁尼,接待处,鸡肉三明治,油炸马铃薯片。

找借口

杰克和吉尔干什么都喜欢为自己找些借口,比如为了取一桶水而爬上山。根据下面的提示,你能推断出星期一到星期四他们从小屋出发所走的方向、目的地以及去每个地方的原因吗?

1. 在沿 2 号方向前进的第二天他们爬了山,说是为了打水。

2. 星期四他们去了草地,对昏昏欲睡的小男孩布鲁只当没看见。

3. 他们说朝 4 号方向前进是去清理茶匙。

4. 他们为星期三的旅行找的借口是去喂猫,那天他们走的不是 1 号方向。

5. 他们为去河边找的借口不是割卷心菜。

日期:星期一,星期二,星期三,星期四

位置:草地,河边,树林,山上

活动:割卷心菜,清理茶匙,喂猫,取水

提示:关键在于他们在哪一天上山。

参考答案

通过线索4,我们知道由于他们计划星期三去喂猫,星期四去草地(线索2),所以根据线索1可以知道,他们星期二去山上取水,星期一沿2号方向前进。他们声称朝4号方向前进是去清理茶匙(线索3),所以那天不是星期一,也不是星期二或星期三,只能是星期四,并且是去草地。剩下星期一他们去割卷心菜,但不是在河边(线索5),而是在树林中,所以我们知道剩下河边是他们星期三去喂猫的地方,但不是在1号方向(线索4),而是在3号方向,最后我们知道他们在星期二沿1号方向去爬山。

综上可知:

1号方向,星期二,山上,取水。

2号方向,星期一,树林,割卷心菜。

3号方向,星期三,河边,喂猫。

4号方向,星期四,草地,清理茶匙。

遗　嘱

库恩非常喜欢写作,但他是个盲人,经过数十年的努力,终于成为一名成功的作家。简恩是库恩的好朋友,他是一名盲人歌手。相同的经历使库恩和简恩成了亲密的朋友。

这天,简恩刚演出完,顺道探望重病在床的库恩。库恩紧紧握住简恩的手,喘着气对简恩说道:"你是我最信任的朋友。有件事情托付给你。我死以后,就从我的遗产里划出一半,也就是1000万美元来帮助残疾人。现在,我就开始写遗嘱,然后由你保管它。"

最狡猾机智的沟通

接着,库恩让他的妻子拿来纸笔,他在床头摸索着写好遗嘱,装进信封交给了简恩。

简恩接过遗嘱,慎重地把遗嘱专程送到银行保险箱里保存起来。

半年后,库恩死于癌症。在库恩的葬礼上,简恩要宣布他的遗嘱,当大家打开信封时,却吃惊地睁大了眼睛,原来里面竟然是一张白纸!

简恩根本无法相信,库恩亲手密封、自己亲手接过并且由银行保管的遗嘱会变成一张白纸!他仔细回忆,整个过程没有丝毫能够引起怀疑的地方,遗嘱不可能被更改啊。

这时来参加葬礼的尼克探长对简恩说:"简恩先生,虽然这只是一张白纸,但库恩先生的遗嘱仍然成立。"

众人都疑惑不解,尼克探长说了几句让大家都明白了。

你知道这是什么原因吗?

参考答案

库恩的妻子想要独吞遗产,故意把没墨水的钢笔递给库恩。由于库恩和简恩都是盲人,自然也就没有发现,没有字的白纸最终被当成遗嘱保存下来。

可是,虽然没有字迹,但有钢笔划过的笔迹,所以尼克探长说遗嘱仍然有效。

登月计划

美国国家航空航天局制订赫尔墨斯计划,此项计划涉及登陆月球的5艘两人座单程赫尔墨斯号航天器,是关于探索月球暗面(即总是背对地球的那一面)的。根据下面的信息,请你推断出每艘赫尔墨斯号上被选为队长和宇航员的各是谁、要求他们降落的地点是哪里?

1.美国海军上校雷·塞奇被选为赫尔墨斯号的宇航员。他所在的赫尔墨斯号编号比另一艘大两个数字。来自美国空军的"野马"托勒尔少校指挥是后者那一艘的赫尔墨斯号飞船。它将着陆在名叫奎特麦斯的环形山旁。

2.赫尔墨斯1号按照计划将停靠在名为盖洛克角的环形山旁。

3.来自美国海军的普拉德上校指挥的赫尔墨斯号在停靠于马文山阴影处的赫尔墨斯号的编号之前。

4.来自美国海军的"博士"李少校被选为赫尔墨斯号的队长,而来自美

国陆军的罗斯科少校担任宇航员。但他们都不在赫尔墨斯1号上。

　　5. 来自美国海军的乃尔特中尉指挥的是赫尔墨斯3号。他的宇航员不是来自美国陆军的尼古奇上校。

　　6. 来自美国海军的亚当斯少校不是按照计划会挨在约翰卡特环形山停靠的那艘赫尔墨斯号的宇航员。来自美国陆军的卡斯特罗上校的队长姓高夫。

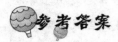参考答案

　　通过线索3，我们知道乃尔特中尉将指挥赫尔墨斯3号，去奎特麦斯，由托勒尔少校指挥的那一队不是赫尔墨斯4号或5号(线索1)，而赫尔墨斯1号是要停靠在盖洛克角的(线索2)，所以托勒尔少校指挥的飞船是赫尔墨斯2号。再通过线索1，推出雷·塞奇上校是赫尔墨斯4号的宇航员。李少校和罗斯科少校不可能是赫尔墨斯1号的成员(线索4)，他们其中一个人或两个人的名字不可能是赫尔墨斯2号、3号或4号，所以他们所乘飞行器是赫尔墨斯5号。因此，普拉德上校可能是赫尔墨斯1号或4号的指挥官。赫尔墨斯2号是要停靠在奎特麦斯环形山旁的，所以通过线索3排除赫尔墨斯1号是普拉德上校的船的可能性，他指挥的是赫尔墨斯4号。再根据线索3，马文山一定是赫尔墨斯5号的降落地点。由以上可知，赫尔墨斯1号的指挥官是高夫中校(线索6)，赫尔墨斯3号的宇航员不是尼古奇上校(线索5)，所以一定是亚当斯少校。而尼古奇上校是托勒尔少校在赫尔墨斯2号的宇航员。再根据线索6得知，赫尔墨斯4号的停靠在约翰卡特环形山旁，赫尔墨斯3号将停靠在埃特莱茨山附近。

　　综上可知：

　　赫尔墨斯1号，高夫中校，卡斯特罗上校，盖洛克角。

　　赫尔墨斯2号，托勒尔少校，尼古奇上校，奎特麦斯。

　　赫尔墨斯3号，乃尔特中尉，亚当斯少校，埃特莱茨山。

赫尔墨斯 4 号,普拉德上校,雷·塞奇上校,约翰卡特。

赫尔墨斯 5 号,李少校,罗斯科少校,马文山。

骑士与马

每位骑士都很想有一匹千里马。通过下面的提示,你能推断出每位骑士的购马时间、马匹颜色以及每匹马的缺陷吗?

1. 索勒·阿·弗瑞迪爵士要买一匹车马和战马的杂交马,它拥有战马的外表以及车马的性情,在黑马被卖出之后,他才买这匹马。

2. 特美德·得·什科爵士在星期四买了匹马。

3. 斯拜尼立斯·德·费特爵士也买了一匹马,之后的第二天,那匹患有关节炎的栗色马也被卖出去了。

4. 因为患有严重的白内障,视力很差,所以那一匹马跑得很慢,但是它最终的主人不是鲍特恩·阿·格斯特爵士。

5. 星期三卖出去的那匹马一条腿较短。

6. 考沃德·德·卡斯特爵士所买的新马是匹花斑马,一匹老马在第二天也被人买走了。

7. 褐色马是在星期一交易的。

参考答案

通过线索 7,我们知道星期一买的褐色马,而且不是索勒先生买的杂交马(线索 1),也不是老马(线索 6)或患有关节炎的栗色马(线索 3),其中一条腿短的马是在星期三购买的(线索 5),因此排除其他可能后,我们知道它一定是得了白内障的那匹马,那么它不是由鲍特恩先生购买(线索 4),也不是被索勒先生购买。特美德先生在星期四买了匹马(线索 2),由线索

6 知道考沃德先生买了匹花斑马，所以推断是斯拜尼立斯先生在星期一买了这匹褐色马。这样根据线索 3，有个骑士在星期二买了患有关节炎的粟色马。现在我们已经把有缺陷的 4 匹马和各自的购买者或购买日期配对，因此特美德先生在星期四购买的马是匹老马。考沃德先生的花斑马不是在星期一或星期二买的，而是在星期三，并且那匹马其中一条腿短一点（线索 6）。所以星期五索勒先生买了杂交马，但不是黑色的（线索 1），而是灰色的，剩下黑马是特美德先生在星期四购买的老马。通过排除后，患有关节炎的粟色马的购买者是鲍特恩先生。

综上可知：

斯拜尼立斯·德·费特爵士，星期一，褐色，白内障。

考沃德·德·卡斯特爵士，星期三，花斑马，一条腿短。

鲍特恩·阿·格斯特爵士，星期二，粟色，关节炎。

索勒·阿·弗瑞迪爵士，星期五，灰色，杂交马。

特美德·得·什科爵士，星期四，黑色，老马。

指　纹

克姆门外忽然传来了悦耳的门铃声，原来是最不想看到的欧文斯。

欧文斯大声说："老朋友，看来你过得不错啊！是用欠我的钱买下的漂亮新宅吧？3 个月前你就应该还我的钱呢。"

克姆一下子慌了神说："欧文斯，你听我说。这不能怪我，你知道的，股票下跌谁也预测不到的……"

欧文斯愤怒地说："克姆，我不跟你废话，两天内你必须把钱全部还给我！"

克姆可怜巴巴地说："这不能怪我。"

欧文斯怒火中烧，站起来大声咒骂："你这个骗子！"接着，欧文斯朝克

姆猛扑过去，死死卡住克姆的脖子。

克姆挣扎着，两手在地上乱抓，反抗越来越无力，呼吸也越来越急促，这时，他的左手碰到一个什么东西，根本来不及多想，克姆拿起来重重敲在欧文斯的头上。欧文斯的手松开了，他倒在了地下。

杀死欧文斯后，克姆马上把欧文斯的尸体拖到后院掩埋起来，然后擦拭干净所有的血迹，清理所有碰过的东西时，门外响起了急促的敲门声。

克姆打开大门，看到两名警察站在门外，一名警察说："克姆先生，我是欧文斯的朋友，请问他在里面吗？"

克姆强作镇定地回答："欧文斯？他没有来过，根本没有。"

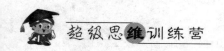

另一名警察笑了笑说:"就算你能擦掉他所有的指纹鞋印,还有一个指纹呢,从实招来,你把他怎么了?"

克姆顺着警察的眼光看过去,不由出了一身冷汗,这确实是一个没有想到的地方。你知道欧文斯的指纹留哪里了?

参考答案

最后的指纹在门铃上,而警察敲门进来的原因,就是为了不破坏指纹。